食尚主义

我的 素食生活

周小雨 主编

U0212974

重庆出版集团 重庆出版社

图书在版编目（CIP）数据

我的素食生活/周小雨主编.--重庆：
重庆出版社,2017.2
ISBN 978-7-229-11818-1

Ⅰ.①我… Ⅱ.①周… Ⅲ.①素菜－菜谱 Ⅳ.
①TS972.123

中国版本图书馆CIP数据核字(2016)第288813号

我的素食生活
WO DE SUSHI SHENGHUO

周小雨　主编

责任编辑：吴向阳　谢雨洁
责任校对：杨　媚
装帧设计：何海林
摄影摄像：深圳市金版文化发展股份有限公司
策划编辑：深圳市金版文化发展股份有限公司

重庆出版集团　出版
重庆出版社

重庆市南岸区南滨路162号1幢　邮政编码：400061　http://www.cqph.com
深圳市雅佳图印刷有限公司印刷
重庆出版集团图书发行有限公司发行
邮购电话：023-61520646
全国新华书店经销

开本：720mm×1016mm　1/16　印张：15　字数：200千
2017年2月第1版　2017年2月第1次印刷
ISBN 978-7-229-11818-1

定价：32.00元

如有印装质量问题，请向本集团图书发行有限公司调换：023-61520678

老人们常说，能吃是福。吃，确实是一件幸福的事儿，美食总能让人感受到生活的美好。

素食，正是一种时尚健康的饮食方式。也许一开始你会觉得这样的食物相比于"山珍海味"来说显得淡而无味，但是过一段时间之后，你就会慢慢领略到素食的美妙滋味。

而且，素食生活也可以精彩纷呈，可以花样百出。鲜香滑嫩的蟹味菇炒小白菜，麻辣重口的川味烧萝卜，令人垂涎欲滴的铁板花菜，还可以成就一桌与亲朋好友欢聚分享的素食宴。让素食给你的生活带来意外惊喜！

素食生活也可以很清新，很温暖。没有什么比从超市精心挑选一棵水灵灵的青菜，小心摘好、细细冲洗后，看着它们在锅中翻滚，最终沁出带着植物芬芳的菜肴更让人感觉温馨的了。

那些色彩缤纷的蔬果食材令人赏心悦目。将蔬果等食材进行合理搭配，或烧或炒，或煮或蒸之后，你可以不用牺牲口腹之欲，就让自己变得更健康，更苗条了。

这是一本关于素食生活的书，教你怎样做好一碟碟含有植物芬芳而又健康的美食。

不需要特殊的食材，不需要精湛的技法，一切都简简单单。不管你在什么地方，都可以制作，轻松享用一餐美味。

来吧，和我们一起，做简简单单的素食，享受健康又快乐的生活！

第一章

让吃素成为
一件有爱的事儿

茹素，是一种生活态度 002

素食观色...........................003

素食藏健康.......................004

了解素食，避免误区 006

花式切法，让素食花样百出 008

素菜巧保鲜，天天吃到新鲜菜......010

第二章

餐前素小点，
味蕾复苏的小秘密

玫瑰山药.........................012

酱腌白萝卜 014

风味萝卜.........................014

醋香胡萝卜丝.....................015

凉拌莴笋条.......................016

玉米拌洋葱.......................018

桂花蜂蜜蒸萝卜 019

酱香子姜.........................020

煎红薯...........................020

凉拌嫩芹菜.......................021

黑蒜拌芹菜.......................022

烤蔬菜卷.........................024

自制酱黄瓜 025

果味冬瓜...........................026

梅汁烤圣女果.......................026

凉拌爽口西红柿.....................027

清拌金针菇.........................028

烤金针菇...........................030

红油拌杂菌.........................030

黑椒杏鲍菇.........................031

烤口蘑 032

豆芽拌粉条.........................033

黄豆芽泡菜.........................034

醋泡黑豆...........................036

Contents

醉豆 036

五香黄豆香菜 037

烤豆腐 038

酸甜脆皮豆腐 038

凉拌粉丝 039

海带丝拌菠菜 040

蒜泥海带丝 041

核桃油玉米沙拉 042

玉米芥蓝拌巴旦木仁 042

乌醋花生黑木耳 043

酸辣木瓜丝 044

酸甜西瓜翠衣 046

酸甜蒸苹果 047

润肺百合蒸雪梨 048

冰镇蜂蜜圣女果 050

第三章 清淡素菜，
让身体排毒so easy

蟹味菇炒小白菜 052

草菇扒芥菜 054

西芹百合炒白果 054

松仁玉米炒黄瓜丁 055

黄瓜腐竹汤 056

芥蓝炒冬瓜 056

松仁丝瓜 057

南瓜番茄排毒汤 058

椒香南瓜 058

冰糖百合蒸南瓜 059

翠衣冬瓜葫芦汤 060

清蒸西葫芦 062

黑蒜炒苦瓜 063

明目菊花蒸茄子 064

芥蓝腰果炒香菇 066

茄汁茭白 066

清味莴笋丝 067

奶油炖菜 068

粉蒸胡萝卜丝 070

胡萝卜玉米笋 071

蒸白萝卜 072

白萝卜紫菜汤 072

山药木耳炒核桃仁 073

彩椒山药炒玉米 074

莲藕炒秋葵 075

蘑菇藕片 076

双拼桂花糯米藕 077
红枣糯米莲藕.....................078
芸豆赤小豆鲜藕汤 080
姜丝红薯 080
马蹄玉米炒核桃 081
蒸地三鲜 082
烤土豆条 084
口蘑焖土豆 085
双椒炒魔芋 086
素烧魔芋结 087
粉蒸四季豆 088
五宝菜 088
素炒黄豆芽 089
姜葱淡豆豉豆腐汤 090
苦瓜炒豆腐干 090
酱爆香干丁 091
西芹腰果炒香干 092

香菜豆腐干 093
芹菜豆皮 094
双菇玉米菠菜汤 094
烧汁猴头菇 095
泡椒杏鲍菇炒秋葵 096
荷兰豆炒香菇 096
香菇豌豆炒笋丁 097
笋菇菜心 098
珍珠莴笋炒白玉菇 100
蒜苗炒口蘑 101
胡萝卜炒口蘑 102
什锦蒸菌菇 102
西芹藕丁炒姬松茸 103
枸杞百合蒸木耳 104
木耳炒上海青 104
木耳炒百合 105
仙人掌百合烧大枣 106

第四章 米饭杀手，整个重口味素菜

豉油蒸菜心 108
油泼生菜 110
蒜蓉蒸娃娃菜 111
茄汁蒸娃娃菜 112
油豆腐包菜 112
酸辣魔芋烧笋条 113
家常小炒魔芋结 114
泡椒烧魔芋 116
香辣味土豆条 116
鱼香土豆丝 117

青红椒煮土豆 118
干煸土豆条 120
椒油笋丁 121
茄汁莴笋 122
葱椒莴笋 123
辣椒酱孜然莲藕 124
辣油藕片 124
萝卜干炒青椒 125
川味烧萝卜 126
麻辣小芋头 127

炝拌手撕蒜薹 128

铁板花菜 130

豆瓣茄子 130

糖醋花菜 131

蒜香手撕蒸茄子 132

酱焖茄子 134

酱香西葫芦 135

川味酸辣黄瓜条 136

酱汁黄瓜卷 137

金针菇拌黄瓜 138

丝瓜焖黄豆 138

蒜香豆豉蒸秋葵 139

酱焖四季豆 140

酱爆素三丁 141

鱼香金针菇 141

湘味金针菇 142

小土豆焖香菇 143

红烧白灵菇 144

野山椒杏鲍菇 146

青椒酱炒杏鲍菇 148

香卤猴头菇 148

红油拌秀珍菇 149

腐乳凉拌鱼腥草 150

双椒蒸豆腐 151

山楂豆腐 152

宫保豆腐 152

松仁豆腐 153

腊八豆蒸豆干 154

辣炒香干 156

酱烧豆皮 156

豉汁蒸腐竹 157

红油腐竹 158

第五章 来一桌素食宴，

与亲朋好友幸福相约

翠玉烩珍珠 160

五宝蔬菜 162

爆素鳝丝 162

鲜菇烩湘莲 163

金瓜杂菌盅 164

红烧双菇 164

草菇西蓝花 165

双菇争艳 166

龙须四素 167

素佛跳墙 168

清蒸白玉佛手 170

罗汉斋 171

手撕茄子 172

葱香蒸茄子 172

金桂飘香 173

蒸冬瓜酿油豆腐 174

糖醋菠萝藕丁 174

糖醋藕片 175

清炒地三鲜 176

拔丝红薯莲子 178

红薯烧口蘑 179

蒸三丝 180

蚝油魔芋手卷 ……………………182

奶香口蘑烧花菜 ……………………184

蒸香菇西蓝花 ……………………184

荷塘三宝 ……………………185

剁椒腐竹蒸娃娃菜 ……………………186

椒麻四季豆 ……………………188

川香豆角 ……………………188

黑椒豆腐茄子煲 ……………………189

西北农家煎豆腐 ……………………190

姜汁芥蓝烧豆腐 ……………………190

多彩豆腐 ……………………191

素酿豆腐 ……………………192

铁板豆腐 ……………………194

酱香素宝 ……………………195

豆腐皮素菜卷 ……………………196

白凤豆雪梨盅 ……………………198

红酒雪梨 ……………………198

橙汁雪梨 ……………………199

拔丝苹果 ……………………200

第六章 素主食&素小吃，
最佳的暖心美味

木瓜蔬果蒸饭 ……………………202

南瓜糙米饭 ……………………204

胡萝卜丝蒸小米饭 ……………………204

洋葱烤饭 ……………………205

绿豆薏米炒饭 ……………………206

土豆蒸饭 ……………………207

香菇炒饭 ……………………208

红薯杂粮粥 ……………………208

红薯燕麦粥 ……………………209

翠衣粥 ……………………210

蔬菜玉米麦片粥 ……………………212

香菇笋粥 ……………………213

什锦蝴蝶面 ……………………214

西红柿素面 ……………………216

油菜素炒面 ……………………217

豆腐素面 ……………………218

双色馒头 ……………………218

豆芽荞麦面 ……………………219

甘笋馒头 ……………………220

菊花包 ……………………221

刺猬包 ……………………222

豆角素饺 ……………………223

莲子糯米糕 ……………………224

清香马蹄糕 ……………………226

白糖伦教糕 ……………………226

黑米莲子糕 ……………………227

杏仁木瓜船 ……………………228

网炸豆沙卷 ……………………228

蔓越莓西米水晶粽 ……………………229

芒果汤圆 ……………………230

笑口枣 ……………………230

糍粑 ……………………231

素食口袋三明治 ……………………232

第一章

让吃素成为
一件有爱的事儿

提起素食，你也许会说，我可是重口味的人，对素菜的寡淡实在没有兴趣。确实，有的素菜十分清淡，但是素食的世界也可以五彩缤纷，只要你倾心了解素食，就能让那些蔬果菌豆在你的手中变成一道道令人垂涎的美食，你也一定会发现素食的美好。

茹素，是一种生活态度

现代社会中，素食者越来越多，素食人群也趋于年轻化。素食主义体现了一种有益于自身健康、尊重其他生命、爱护环境、合乎自然规律的饮食习惯。

… 尊重生命，选择素食 …

素食是一种不食畜肉、家禽、海鲜等动物食品的饮食方式，素食的食材为植物性食材，为土地中、水中生长的植物或由这些植物加工得来的食品，如蔬菜、果品、豆制品等。素食主义者认为，动物也是有生命的，爱护它们，减少杀戮，会唤起我们内心的一丝悲悯和安宁，使一切生物都和谐地生活在一起，这才合乎自然规律。

… 保持健康，选择素食 …

由美国康奈尔大学、英国牛津大学以及中国预防医学科学院所合作进行了一次关于大型流行病学的调查，一共得到8000多项具有统计学显著性意义的科学数据。报告中指出植物性食物可以使胆固醇水平降低，而动物性食物可以使胆固醇水平升高。当血液中的胆固醇下降时，多种癌症的发病率都显著下降；来源于植物的纤维和抗氧化剂与消化道癌症发病较低有关。调查结果表明，维持健康要食用纯天然、非精制加工、植物来源的食物。由此可见，人体健康与清淡饮食有着某种隐秘的联系。

… 节能环保，选择素食 …

对食物的选择，跟能源危机也息息相关。素食几乎都是从土地和水中直接得来的食材，是大自然赐予的食物，几乎不需要动用能源就能获取，也不会对环境造成污染，是最环保的生活模式。而肉类食品的整个生产线，则是以消耗能源的机器取代人工，浪费了许多地球资源。

素食观色

不同颜色的蔬菜有着不同功效，只要看准颜色吃对蔬菜，就可以让你更加轻松地拥有健康。

… 黑色蔬菜养胃 …

黑色蔬菜有黑茄子、香菇、黑木耳等。黑色蔬菜能刺激人的内分泌和造血系统，促进唾液的分泌，有益肠胃，进而促进消化。

… 紫色蔬菜抗氧化 …

紫色蔬菜主要有紫茄子、紫洋葱、紫薯、紫甘蓝等。紫色蔬菜大多含有一定量的花青素。花青素具有很强的抗氧化、预防高血压、减少肝功能障碍等作用。对女性来说，花青素是防衰老的好帮手。

… 绿色蔬菜养肝 …

常见的绿色蔬菜有油菜、韭菜、芹菜、菠菜等。绿色蔬菜水分含量高达94%，且热量较低，还具有舒肝强肝的功效，是人体的良好"排毒剂"。

… 红色蔬菜养心 …

常见的红色蔬菜有西红柿、红椒、红薯等。红色蔬菜一般具有极强的抗氧化性，富含番茄红素、丹宁酸等，具有益气补血和增进食欲的作用。

… 黄色蔬菜养脾 …

黄色蔬菜能给人清新脆嫩的视觉感受，包括韭黄、南瓜、黄花菜、黄心红薯、黄豆芽等。以黄色为基础的蔬菜，如南瓜、大豆、土豆等，可提供优质蛋白、脂肪、维生素和微量元素等，常食用会对脾胃大有裨益。

素食藏健康

科学研究发现，食用植物性食物配合积极、健康的生活方式，不仅有利于身体健康，还能增强体质。可以肯定的是，食素的好处极多，不一而足，主要有以下七点：

… 素食可益寿延年…

营养学家研究指出，素食者往往比非素食者寿命更长。墨西哥中部的印第安人是原始的素食主义民族，平均寿命极高，令人称羡；瑜伽的圣贤也因素食而享高寿。而在中国古代，也有素食养生的说法。明代儿科医学家万全在所著的《养生四要》里提出，素食可以使人的体魄、精神处于最佳状态。

… 素食可防癌…

有些癌症和肉食息息相关，尤其是大肠癌，而素食中含有大量纤维素，能刺激肠蠕动加快，利于通便，使体内有害物质实时排出，降低了有害物质对肠壁的刺激损害。据美国研究数据显示，素食者比肉食者癌症发病率低20%～40%。

… 素食可保持体重…

素食者较肉食者体重轻，能够较长时间保持体重。这是因为肉类比植物性食物含有更多的脂肪，而且肉食者若是摄取过多的蛋白质，则其中过量的蛋白质也会转变成脂肪，使摄入者体重上升，进而导致体态臃肿。新鲜的水果、蔬菜含有多种丰富的维生素，能提供给人体需要的营养成分，还有助于清除体内垃圾，排除身体毒素。

… 素食可减少肾脏负担 …

各种高等动物和人体内的废物，都会经由血液进入肾脏。一旦动物体内的废物（比如牛肉中的尿素和尿酸）通过血液进入肾脏时，就会加重肾脏的负担。素食者避开了肉食，从而减轻了肾脏的负担。

… 素食可减少寄生虫感染 …

寄生虫容易寄住在肉类食品上，虽用70℃的水就能将其烫死，但虫卵却不好对付，至少要用100℃的水。如绦虫及其他几种寄生虫，都是经由受感染的肉类而寄生到人体内的。寄生虫可引发人的体重减轻、偶尔腹痛、食欲亢进，及肛门四周刺痒、疲乏、头痛、便秘、头晕、神经过敏等症状。食素可以减少寄生虫感染的情况发生。

… 素食可降低胆固醇 …

素食者血液中所含的胆固醇比肉食者少得多。血液中胆固醇含量如果太多，则往往会造成血管阻塞，成为高血压、心脏病等病症的主因。第二次世界大战期间，北欧人被迫食素，结果发现国民心脏病罹患率大为降低。"二战"结束后，人们改食肉类，结果心脏病罹患率又提高了。

… 素食能让人心平气和 …

素食能令人心平气和、头脑清醒。人在食用肉类时，也把动物中的激素一同吃进腹中，使人容易暴躁。反之，素食者大都性格温和，时常保持心平气和，就好比大象、长颈鹿等食草动物一样，不恃强凌弱。动物脂肪容易阻塞血管，会产生胆固醇，令身体（包括脑部）老化。而素食者的血液更清洁，脑力也会大为提高。

了解素食，避免误区

随着人们健康意识的提高，提倡素食的人越来越多。有的人为了健康，有的人为了时尚，有的人为了环保……食素俨然成为一种需求，成为一种习惯，但在食素的过程中，人们也存在着一些误区。

油脂、糖、盐不可过量

由于素食较为清淡，有些人会添加大量的油脂、糖、盐和其他调味品来烹调，以增加口感，刺激食欲。殊不知，这些做法会带来过多的能量，不知不觉，口味变重，身体中也承载了太多的油脂、糖分、盐分负荷。精制糖和动物脂肪一样容易升高血脂，并诱发脂肪肝，而钠盐会使血压升高。

不能吃过多水果

很多素食爱好者除每天三餐之外，还要吃不少水果，结果是没有给他们带来苗条身材，似乎与他们当初选择素食的期望相差甚远。这是因为水果中含有8%以上的糖分，能量不可忽视。如果吃半斤以上的水果，就应当相应减少正餐或主食的摄入量，以达到一天当中的能量平衡。除了水果之外，每日额外饮奶或喝酸奶的时候，也应注意同样的问题。

不要以生冷食物为主

一些素食者热衷于以凉拌或沙拉的形式生吃蔬菜，认为这样才能充分吸收其营养价值。实际上，蔬菜中的很多营养成分需要添加油脂才能很好地被人体吸收，如维生素K、胡萝卜素、番茄红素都属于烹调后更易吸收的营养物质。同时还要注意，沙拉酱的脂肪含量高达60%以上，用它进行凉拌，并不比放油脂烹调热量低。

没有摄入发酵食品

对于严格的素食者来说，膳食中最容易缺乏的是维生素B_{12}，而这种维生素很少存在于纯植物食品当中，最好能从发酵食品和菌类食品中补充。

只认几种"减肥蔬菜"

蔬菜不仅要为素食者供应维生素C和胡萝卜素，还要在铁、钙、叶酸、维生素B_2等方面有所贡献。所以，应尽量选择绿叶蔬菜，如芥蓝、西蓝花、苋菜、菠菜、油菜、茼蒿等。为了增加蛋白质的摄入，菇类和鲜豆类都是上佳选择，如各种蘑菇、毛豆、鲜豌豆等。如果只喜欢黄瓜、西红柿、冬瓜、苦瓜等少数几种所谓的"减肥蔬菜"，人体就很难获得足够的营养物质。

忽略补充复合营养素

在一些发达国家，素食者的食物中普遍进行了营养强化，专门为素食者设计的营养食品品种繁多，素食者罹患微量元素缺乏症的风险较小。然而在中国，食品工业为素食者考虑得很少，营养强化不普遍，因此素食者最好适量补充复合营养素，特别是补充铁、锌、维生素B_{12}和维生素D等，以预防可能发生的营养缺乏问题。

饮食不平衡

众所周知，饮食平衡是饮食健康的重要组成部分。一个普通人一天中摄入的食物应该是这样的：水1200毫升，谷类250～400克，蔬菜300～500克，水果200～400克，畜禽肉类50～75克，鱼虾类50～100克，蛋类25～50克，鲜奶300克，大豆30～50克或相当量的大豆制品，烹调油25～30克，盐6克。高血脂患者应相应减少肉类、烹调油的摄入，谷类应以粗粮为主，奶类选择低脂奶，多用鱼虾类替代畜禽肉类食物，每日饮水应该增加到1500毫升或以上。

花式切法，让素食花样百出

在很多人的印象中，素食都难免寡淡，如何让素食也能精彩纷呈呢？其实，只要你拥有一双巧手，再加上一点小技巧，你也能让素食形态别致，令人眼前一亮！

切蓑衣黄瓜

黄瓜段用刀垂直切，但不要切断，直到切完整段黄瓜，再将黄瓜反过来放好，按刚才的方法切，也不要切断，最后将切好的黄瓜用手轻轻拉开，摆盘即可。

茄子切花刀

取一段洗净、去皮的茄子，纵向一切为二，将切面朝下，用刀斜切，但不切断，连刀将整个茄子块切完，再调整茄子角度，与刚才的切口垂直，将整个茄子块斜切切完。

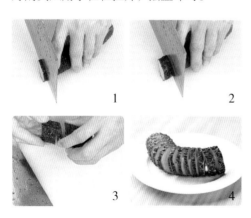

香菇切花

在香菇顶端斜切一个小口，另一边再斜切一个相对的小口，将切出的小块去除，使其形成"V"字刀口，再换一个方向，重复上述操作，将切出来的小块去除，花就切好了。

圣女果切兔子形

将洗净的圣女果对半切开，取其中一半，在蒂部的一侧雕出兔子耳朵形状，将"兔子耳朵"定型，再在另一侧雕出同样的兔子耳朵形状，整理好即可。

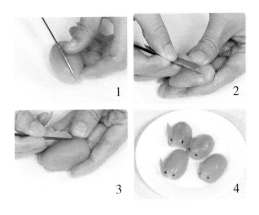

柠檬切丝带状

取半个洗净的柠檬，切成薄片，用刀对半切柠檬片，一端不要切断，用手拿住柠檬的两边，反方向扭转成丝带状即可。

葡萄切锯齿形

取一颗洗净的葡萄，用小刀切去果蒂部分，在葡萄中间部位划一圈，呈现锯齿形状，揭开即可。

莲藕切锯齿片

莲藕切段，取一段竖放，从中间一分为二，再平放，在莲藕的边缘切一条小口，将刀反过来，再切一刀，与刚才的刀口成 V 形，去除切出的小条，用此方法将整个莲藕段都切成锯齿状，再顶刀切片即可。

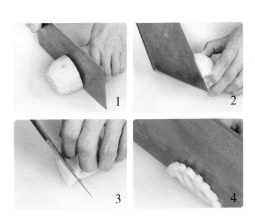

素菜巧保鲜，天天吃到新鲜菜

很多人都喜欢一次性买很多食材，特别是蔬菜菌豆。但有时候却很难让购买的食材恰到好处地全部用完，因此巧妙地保存这些食材就显得尤为重要。那保存蔬菜菌豆等食材有何小妙招呢？

芹菜保鲜法

将新鲜的芹菜整齐捆好，用保鲜袋或保鲜膜将芹菜茎叶部分包严，再将芹菜根部朝下竖放在清水盆中。

半个冬瓜保存法

取出切开的半个冬瓜，取一张与剖切面差不多大小的干净白纸（或保鲜膜）贴在上面，用手抹紧。将贴好纸的冬瓜放置好，能够保存4天左右。

切开的洋葱巧保鲜

将切开的洋葱放在干净的盘中，切开的部位贴着盘底，然后再罩上一个玻璃杯即可。

贮存西红柿的窍门

将尚未成熟的西红柿装入塑料袋，扎紧袋口，放置在阴凉处，每天打开5分钟，并擦去水汽，再扎紧袋口，待西红柿全熟时就不扎袋口了，可保鲜1个月。

防止萝卜糠心的方法

将买来的表皮较完好的白萝卜晾至表皮阴干，再装进不透气的塑料袋里，扎紧口袋密封，置于阴凉处储存，2个月后食用也不会糠心。

餐前素小点，

味蕾复苏的小秘密

　　或许你已经注意到了，越来越多的人开始倾心素食，一股多吃蔬菜、水果，少吃肉的"素食潮"正在兴起。其实，素食特别适合日常生活，简单快乐。餐前来一点简单精致的小小素点，不仅可以让你获得视觉享受，更可以复苏你的味蕾。

玫瑰山药

烹饪时间：30分钟

适用人数：2人

| 原料 |

去皮山药150克，奶粉20克，玫瑰花5克

| 调料 |

白糖20克

小贴士 从模具中取出山药泥时动作要轻，慢慢掰开模具即可。

做法 ↘

1 取出已烧开上气的电蒸锅，放入山药。

2 加盖，调好时间旋钮，蒸20分钟至熟。

3 揭盖，取出蒸好的山药。

4 将蒸好的山药装进保鲜袋。

5 倒入白糖，放入奶粉，将山药压成泥状，装盘。

6 取出模具，逐一填满山药泥，用勺子稍稍按压紧实。

7 待山药泥稍定型后取出，反扣放入盘中。

8 撒上掰碎的玫瑰花瓣即可。

酱腌白萝卜

烹饪时间：24个小时左右
适用人数：1人

| 原料 | 白萝卜350克，朝天椒圈少许

| 调料 | 盐7克，白糖3克，生抽4毫升，老抽3毫升，陈醋3毫升，姜片、蒜头、食用油各少许

做法 ↘

1 洗净、去皮的白萝卜切成片，放盐，拌匀，腌渍20分钟。

2 白萝卜腌渍好，加白糖，拌匀，倒入适量清水，洗净，滤出。

3 白萝卜放入生抽、老抽、陈醋，再加适量清水，放入姜片、蒜头、朝天椒圈，拌匀。

4 用保鲜膜包裹密封好，腌渍24个小时后，去掉保鲜膜，装盘即可。

风味萝卜

烹饪时间：48个小时
适用人数：1人

| 原料 | 白萝卜270克，泡椒30克，红椒适量

| 调料 | 盐9克，鸡粉2克，白糖2克，生抽4毫升，陈醋6毫升，蒜末、料酒各少许

做法 ↘

1 洗净、去皮的白萝卜切滚刀块，泡椒切成细丝，洗净的红椒切成圈。

2 取一碗，倒入白萝卜、盐，腌渍1个小时，取出后洗去多余的盐分。

3 倒入蒜末、泡椒，加入盐、鸡粉、白糖、生抽、陈醋，搅匀。

4 取一罐，放入拌好的食材，加入料酒、纯净水，盖好盖，置于阴凉干燥处腌渍约2天即可。

醋香胡萝卜丝

烹饪时间：2分钟
适用人数：1人

| 原料 |
胡萝卜240克，包菜70克

| 调料 |
盐2克，鸡粉2克，白糖3克，生抽3毫升，陈醋3毫升，熟白芝麻、亚麻籽油各适量

做法 ↘

1 洗净的包菜切丝，洗净的胡萝卜切丝。

2 锅中注入适量清水烧开，放入适量盐、亚麻籽油，倒入胡萝卜丝、包菜丝，拌匀，煮约半分钟后将食材捞出，沥干水分。

3 将胡萝卜丝、包菜丝装入碗中，加盐、鸡粉、白糖、生抽、陈醋、亚麻籽油，拌匀。

4 将菜肴装盘，撒上熟白芝麻即可。

1　　　2　　　3　　　4

凉拌莴笋条

烹饪时间： 5分钟

适用人数： 一人

| 原料 |

莴笋170克，红椒20克

| 调料 |

盐3克，鸡粉2克，生抽3毫升，陈醋10毫升，
芝麻油、蒜末各少许

小贴士 焯煮莴笋时可放入少许食用油，这样能使焯煮过的莴笋颜色更加鲜亮，提高食欲。

做法 ↘

1 将洗净、去皮的莴笋切成条。

2 洗净的红椒切开，再切粗丝。

3 锅中注入适量清水烧开，倒入莴笋条，搅散。

4 加入少许盐，搅匀，焯煮约2分钟。

5 焯煮至食材断生后捞出，沥干水分。

6 将食材装入碗中，撒上红椒丝，再倒入蒜末，拌匀。

7 放入陈醋、生抽、芝麻油拌匀，再撒上盐、鸡粉，匀速搅拌一会儿，至食材入味。

8 将拌好的菜肴装在盘中，摆好盘即可。

玉米拌洋葱

烹饪时间： 2分钟
适用人数： 1人

|原料|

玉米粒75克，洋葱条90克，凉拌汁25毫升

|调料|

盐2克，白糖少许，生抽4毫升，芝麻油适量

做法 ↘

1 锅中注入适量清水烧开，倒入洗净的玉米粒，略煮一会儿，放入洋葱条，搅匀。

2 焯煮一小会儿，至全部食材断生后捞出，沥干水分。

3 取一大碗，倒入焯煮过的食材，放入凉拌汁，加入少许生抽、盐、白糖，最后淋入芝麻油。

4 搅拌至食材入味，将拌好的菜肴盛入盘中，摆好盘即成。

桂花蜂蜜蒸萝卜

烹饪时间：16分钟
适用人数：1人

| 原料 |
白萝卜片260克，桂花5克

| 调料 |
蜂蜜30克

做法 ↘

1 在白萝卜片中间挖一个洞。

2 取一盘，放入挖好洞的白萝卜片，加入蜂蜜、桂花。

3 取电蒸锅，注入适量清水烧开，放入白萝卜，盖上盖，蒸15分钟至熟。

4 揭盖，取出白萝卜，待凉即可食用。

酱香子姜

| 原 料 | 子姜100克

| 调 料 | 盐1克，鸡粉1克，白糖1克，豆瓣酱20克，葱花少许，食用油适量

做法 ↘

1 洗净的子姜修整齐，切粗条。

2 热锅注入食用油，倒入豆瓣酱，稍炒一下，注入适量清水，加入鸡粉、白糖、盐，拌匀。

3 倒入葱花，拌匀，制成调味汁。

4 取一空碟，倒入切好的子姜，淋上调味汁即可。

烹饪时间：3分钟
适用人数：1人

煎红薯

| 原 料 | 红薯250克

| 调 料 | 熟芝麻15克，蜂蜜、食用油各适量

做法 ↘

1 将洗净、去皮的红薯切成片，放在盘中。

2 锅中注水烧开，倒入红薯片，焯煮约2分钟后捞出，沥干水分，放在盘中。

3 煎锅中注油烧热，放入红薯片，煎至两面熟透。

4 关火后盛出煎好的食材，放在盘中，均匀地淋上蜂蜜，再撒上熟芝麻即成。

烹饪时间：4分钟
适用人数：1人

凉拌嫩芹菜

烹饪时间：3分钟
适用人数：1人

| 原料 |

芹菜80克，胡萝卜30克

| 调料 |

盐3克，芝麻油5毫升，鸡粉、蒜末、葱花各少许，食用油适量

做法 ↘

1 洗净的芹菜切段，去皮、洗净的胡萝卜切丝。

2 锅中注水烧开，放入食用油、盐、胡萝卜丝、芹菜段，焯煮约1分钟至全部食材断生后捞出，沥干。

3 将食材放入碗中，加入盐、鸡粉，撒上备好的蒜末、葱花。

4 再淋入少许芝麻油，搅拌约1分钟至食材入味即可。

黑蒜拌芹菜

烹饪时间：2分钟

适用人数：2人

|原料|

芹菜300克，红彩椒40克，黑蒜70克

|调料|

盐2克，鸡粉、白糖各1克，芝麻油5毫升，食用油适量

 小贴士 蔬菜焯煮的时间不宜过长，以刚断生为宜，不然不仅影响口感还会使营养流失。

第二章

餐前素小点，味蕾复苏的小秘密

做法 ↘

1 洗净的芹菜切段；洗净的红彩椒切段。

2 黑蒜用刀拍扁，切碎。

3 锅中注水烧开，加少许盐，倒入食用油，拌匀。

4 放入切好的芹菜，焯煮至断生。

5 倒入切好的红彩椒，焯煮片刻。

6 捞出焯好的蔬菜，沥干水分后装碗。

7 往焯好的蔬菜里加入盐、鸡粉、白糖、芝麻油。

8 将材料拌匀，装盘，放上切碎的黑蒜即可。

烤蔬菜卷

烹饪时间：13分钟
适用人数：2人

|原料|

豆皮170克，生菜160克

|调料|

小葱25克，香菜30克，辣椒粉15克，泰式辣椒酱25克，盐2克，生抽5毫升，孜然粉5克，食用油适量

做法 ↘

1 洗净的豆皮切成正方形状，洗净的生菜切丝，洗净的香菜切段，洗净的小葱切段。

2 取一碗，加入泰式辣椒酱、辣椒粉、孜然粉、盐、生抽、食用油，拌匀，制成调味酱。

3 给豆皮刷上调味酱，再放上小葱段、香菜段、生菜丝，卷成卷，串在竹签上，刷上调味酱。

4 取烤箱，放入装有蔬菜卷的烤盘，将上下火温度调至150℃，烤10分钟至熟，取出即可。

1

2

3

4

自制酱黄瓜

烹饪时间：5分钟
适用人数：1人

| 原料 |

小黄瓜200克

| 调料 |

酱油400毫升，红糖10克，白糖2克，老抽5毫升，盐5克，料酒适量，姜片、蒜瓣、八角各少许

做法 ↘

1 洗净的小黄瓜打灯笼花刀；再将黄瓜装入碗中，加入盐，抹匀，腌渍。

2 热锅注油烧热，倒入姜片、蒜瓣、八角，爆香，倒入备好的酱油，再淋入料酒。

3 加入红糖、白糖、老抽，炒匀，盛出放凉。

4 将放凉的酱汁倒入黄瓜碗内，浸泡片刻即可。

1

3

4

果味冬瓜

| 原料 | 冬瓜600克，橙汁50毫升 |
| 调料 | 蜂蜜15克 |

做法 ↘

1 将洗净、去皮的冬瓜去除瓜瓤，掏取果肉，制成冬瓜丸子。

2 锅中注水烧开，倒入冬瓜丸子，用中火煮约2分钟，至其断生后捞出。

3 吸干冬瓜丸子表面的水分，放入碗中，倒入备好的橙汁，再淋入少许蜂蜜。

4 快速搅拌匀，静置约2个小时，至其入味即可。

烹饪时间：约2个小时
适用人数：2人

梅汁烤圣女果

| 原料 | 圣女果100克 |
| 调料 | 芝士粉、酸梅酱、食用油各适量 |

做法 ↘

1 洗净的圣女果对半切开。

2 烤盘中铺好锡纸，刷上油，放入圣女果，摆好，撒上芝士粉后推入烤箱中。

3 关好箱门，将上火温度调为180℃，选择"双管发热"功能，再将下火温度调为180℃，烤约13分钟后取出，最后浇上酸梅酱即可。

烹饪时间：13分钟
适用人数：1人

凉拌爽口西红柿

烹饪时间: 1个小时左右
适用人数: 2人

| 原料 |

洋葱150克, 西红柿300克

| 调料 |

盐2克, 白糖3克, 陈醋10毫升, 香菜少许

做法 ↘

1 洗净的洋葱切丝。

2 洗净的西红柿切小块。

3 把洋葱装入碗中, 加入陈醋、白糖、盐, 拌匀, 腌渍1个小时。

4 在洋葱中加入西红柿, 拌匀, 再将菜肴盛入盘中, 撒上香菜即可。

1

2

3

4

清拌金针菇

烹饪时间：5分钟

适用人数：2人

| 原料 |

金针菇300克

| 调料 |

朝天椒15克，盐2克，鸡粉2克，蒸鱼豉油30毫升，白糖2克，葱花少许，橄榄油适量

小贴士　金针菇煮的时间不宜过长，控制在1分钟左右，这样能保持金针菇鲜嫩的口感。

做法 ↘

1 洗净金针菇切去根部。

2 朝天椒切圈。

3 锅中注适量清水烧开，放入适量盐、橄榄油，再倒入金针菇，焯煮约1分钟至熟。

4 把煮好的金针菇捞出，沥干水分，装入盘中，铺平摆好。

5 朝天椒圈装入碗中，加入蒸鱼豉油、鸡粉、白糖，拌匀，制成味汁。

6 将味汁浇在金针菇上。

7 撒上葱花。

8 锅中注少许橄榄油，烧热，将热油浇在金针菇上即可。

烤金针菇

| 原料 | 金针菇100克

| 调料 | 盐2克，孜然粉5克，生抽5毫升，蒜末、葱花各少许，蚝油、食用油各适量

做法 ↘

1 洗净的金针菇切去根部，掰散。

2 取一碗，放入金针菇、葱花、蒜末，再加入盐、生抽、蚝油、食用油、孜然粉，拌匀。

3 烤盘中铺上锡纸，刷上食用油，放入金针菇，铺匀。

4 取烤箱，放入烤盘，将上火温度调至150℃，烤15分钟至金针菇熟，取出即可。

烹饪时间：17分钟
适用人数：2人

红油拌杂菌

| 原料 | 白玉菇50克，鲜香菇35克，杏鲍菇55克，平菇30克

| 调料 | 盐、鸡粉各2克，料酒3毫升，生抽4毫升，辣椒油、花椒油各适量，蒜末、葱花、胡椒粉各少许

做法 ↘

1 洗净的香菇切块，洗净的杏鲍菇切条形。

2 锅中注水烧开，倒入杏鲍菇，焯煮约1分钟后放入香菇块、料酒、平菇、白玉菇，焯煮至断生，捞出。

3 取一碗，倒入焯熟的食材，加入盐、生抽、鸡粉、胡椒粉、蒜末、辣椒油、花椒油、葱花，拌入味即成。

烹饪时间：5分钟
适用人数：2人

黑椒杏鲍菇

烹饪时间：5分钟
适用人数：1人

|原料|

杏鲍菇100克

|调料|

黄油35克，盐2克，黑胡椒适量

做法 ↘

1 洗净的杏鲍菇切棋子段。

2 用油起锅，倒入黄油，烧至熔化，再放入切好的杏鲍菇，用小火煎至焦黄色。

3 将杏鲍菇翻面，同样煎至焦黄色，关火后盛出装盘。

4 把黑胡椒磨成粒，装入碗中，加入适量盐，混合均匀，再撒在杏鲍菇上即可。

1　2　3　4

烤口蘑

烹饪时间：18分钟
适用人数：1人

|原料|

口蘑260克

|调料|

盐、黑胡椒粉各少许

做法 ↘

1 洗净的口蘑摘去菌柄，放入烤盘中。

2 烤盘推入预热的烤箱，关好箱门，调上火温度为180℃，选择"双管发热"功能，再调下火温度为180℃，烤约15分钟，至食材熟透。

3 断电后打开箱门，取出烤盘。

4 稍微冷却后将菜肴盛入盘中，撒上盐、黑胡椒粉即成。

豆芽拌粉条

烹饪时间：3分钟
适用人数：2人

| 原料 |

水发红薯宽粉280克，黄豆芽100克，朝天椒20克

| 调料 |

盐2克，鸡粉2克，生抽3毫升，陈醋3毫升，辣椒油2毫升，蒜末少许，亚麻籽油适量

做法 ↘

1 洗净的黄豆芽去根，粉条切段，朝天椒切圈。

2 锅中注水烧开，放适量盐、亚麻籽油、豆芽、粉条，焯煮约1分钟，捞出沥干。

3 把豆芽和粉条装入碗中，再加入备好的朝天椒圈、蒜末。

4 放盐、鸡粉、生抽、陈醋、亚麻籽油，拌匀，再加辣椒油，拌匀，装盘即可。

1 2 3 4

黄豆芽泡菜

烹饪时间：一天

适用人数：一人

|原料|

黄豆芽100克，大蒜25克，韭菜50克

|调料|

葱条15克，朝天椒15克，白酒50毫升，盐、白醋各适量

 小贴士　材料在装入玻璃罐后应注意检查是否密封好，以免变质。

1　2　3　4

5　6　7　8

做法 ↘

1 洗净的葱条切段，洗净的朝天椒拍破，洗净的韭菜切段，洗净的大蒜拍破。

2 豆芽装入碗中，加入盐拌匀，再用清水洗干净。

3 玻璃罐中倒入白酒，加温水。

4 再加入盐、白醋，拌匀。

5 放入朝天椒、大蒜。

6 倒入黄豆芽。

7 再放入韭菜、葱段。

8 加盖密封，置于16～18℃的室温下泡制一天一夜即可。

醋泡黑豆

| 原 料 | 黑豆150克

| 调 料 | 陈醋150毫升

做法 ↘

1 煎锅置火上，倒入黑豆，翻炒约5分钟，至食材涨裂开。

2 取一玻璃罐，盛入炒好的黑豆，注入适量的陈醋，没过材料。

3 盖上盖，扣紧实，置于阴凉处，浸泡7天左右。

4 取泡好的黑豆，盛放在小碟中即成。

烹饪时间：7天左右
适用人数：2人

醉豆

| 原 料 | 水发黄豆300克，红尖椒35克

| 调 料 | 生姜15克，盐3克，白酒12毫升，鸡粉少许，芝麻油适量

做法 ↘

1 将洗净、去皮的生姜切块，洗净的红尖椒切段。

2 取榨汁机，倒入红尖椒、生姜，盖上盖，榨出辣椒汁。

3 砂锅中注水烧热，倒入黄豆，煮25分钟，捞出沥干，放凉。

4 取一玻璃罐，盛入黄豆、辣椒汁、白酒、盐、鸡粉、芝麻油，拌匀后盖上盖，浸泡约10个小时即可。

烹饪时间：10个小时左右
适用人数：2人

五香黄豆香菜

烹饪时间：33分钟
适用人数：2人

| 原料 |

水发黄豆200克

| 调料 |

香菜30克，盐2克，白糖5克，姜片、葱段、香叶、八角、花椒各少许，芝麻油、食用油各适量

做法 ↘

1 洗净的香菜切段。

2 用油起锅，倒入八角、花椒，爆香，撒上姜片、葱段、香叶、炒香，再加入白糖、盐，炒匀。

3 注入清水，倒入洗净的黄豆，大火烧开后转小火卤30分钟后盛出，滤在碗中，拣出香料。

4 撒上切好的香菜，加入少许盐、芝麻油，快速搅拌一会儿，至食材入味即可。

1　　2　　3　　4

烤豆腐

|原料| 嫩豆腐300克

|调料| 烧烤料25克，辣椒粉15克，盐2克，花椒粉少许，食用油适量

做法 ↘

1 嫩豆腐切方块，两面撒上盐、烧烤料、辣椒粉和花椒粉。

2 烤盘中铺好锡纸，刷上底油，放入豆腐块，推入预热的烤箱中。

3 关好箱门，调上火温度为200℃，选择"双管发热"功能，再调下火温度为200℃，烤约20分钟，至食材熟透，取出装盘即可。

烹饪时间: 24分钟
适用人数: 2人

酸甜脆皮豆腐

|原料| 豆腐250克，酸梅酱适量

|调料| 生粉20克，白糖3克，食用油适量

做法 ↘

1 洗净的豆腐切长方块，滚上一层生粉，制成豆腐生坯。

2 取酸梅酱，加入适量白糖，用筷子拌匀，调成味汁。

3 热锅注油，烧至四五成热，放入豆腐，用中小火炸约2分钟，至食材熟透。

4 关火后捞出豆腐块，沥干油，装入盘中，浇上味汁即可。

烹饪时间: 3分钟
适用人数: 2人

凉拌粉丝

烹饪时间：3分钟
适用人数：2人

| 原料 |

粉丝（已泡发）100克

| 调料 |

蒜末25克，姜汁10毫升，盐、白糖各1克，芥末汁、生抽、芝麻油、陈醋各5毫升，花椒油、辣椒油各2毫升，葱花、香菜各少许

做法 ↘

1 沸水锅中倒入泡好的粉丝，稍煮30秒至熟。

2 捞出煮好的粉丝，放入凉水中浸泡片刻后捞出装盘。

3 取一碗，倒入蒜末、姜汁、芥末汁、生抽、芝麻油、陈醋、白糖、辣椒油、花椒油、盐，拌匀，制成调味汁。

4 将调味汁淋在粉丝上，撒上葱花、香菜即可。

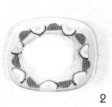

2　　　　3　　　　4

海带丝拌菠菜

烹饪时间: 1分钟
适用人数: 2人

| 原料 |

海带丝230克，菠菜85克，胡萝卜25克

| 调料 |

熟白芝麻15克，盐、鸡粉各2克，生抽4毫升，芝麻油6毫升，蒜末少许，食用油适量

做法 ↘

1 洗净的海带丝切段，洗净、去皮的胡萝卜切丝。

2 锅中注水烧开，倒入海带、胡萝卜、食用油，焯煮至断生后捞出，沥干。

3 另起锅，注水烧开，倒入菠菜，再加入食用油，焯煮至断生后捞出，沥干。

4 取碗，倒入海带、胡萝卜、菠菜，再加入盐、鸡粉、生抽、芝麻油、熟白芝麻，拌匀即可。

1

4

蒜泥海带丝

烹饪时间：4分钟
适用人数：2人

｜原料｜

水发海带丝240克，胡萝卜45克

｜调料｜

盐2克，生抽4毫升，陈醋6毫升，蚝
油12克，熟白芝麻、蒜末各少许

做法 ↘

1 洗净、去皮的胡萝卜切细丝。

2 锅中注水烧开，放入海带丝，焯煮约2分钟后
捞出，沥干。

3 取一碗，放入海带丝、胡萝卜丝、蒜末，再加
入盐、生抽、蚝油、陈醋，拌入味。

4 另取一盘子，盛入拌好的菜肴，撒上熟白芝麻
即成。

1   2   3   4

核桃油玉米沙拉

烹饪时间：3分钟
适用人数：2人

| 原料 | 玉米粒100克，豌豆70克，马蹄肉90克，胡萝卜65克，核桃仁200克

| 调料 | 盐3克，白糖2克

做法 ↘

1 洗净、去皮的胡萝卜切丁；洗净的马蹄切块；核桃仁放入榨油机，榨出油后放凉。

2 锅中注入清水，烧开后倒入玉米粒、豌豆、盐、胡萝卜丁，焯煮至断生后捞出。

3 取一大碗，倒入焯煮好的食材，再放入马蹄块、盐、白糖、核桃油，拌至糖分完全熔化即可。

玉米芥蓝拌巴旦木仁

烹饪时间：3分钟
适用人数：2人

| 原料 | 芥蓝80克，甜椒50克，玉米粒100克，巴旦木仁40克

| 调料 | 盐2克，鸡粉2克，芝麻油5毫升，陈醋3毫升

做法 ↘

1 洗净的甜椒去籽后切丁，洗净的芥蓝切去多余的叶子后切丁，巴旦木仁拍碎。

2 锅中注水烧开，倒入玉米粒、芥蓝、甜椒，焯煮至断生后捞出，沥干。

3 将焯煮好的食材装入碗中，放入盐、鸡粉、芝麻油、陈醋、部分巴旦木仁，拌匀后倒入盘中，撒上剩余的巴旦木仁即可。

乌醋花生黑木耳

烹饪时间：2分钟
适用人数：2人

| 原料 |

水发黑木耳150克，胡萝卜80克，花生100克，朝天椒1个

| 调料 |

葱花8克，生抽3毫升，乌醋5毫升

做法 ↘

1 洗净、去皮的胡萝卜切丝。

2 锅中注水烧开，倒入切好的胡萝卜丝、洗净的黑木耳，焯煮至断生后捞出，放入凉水中。

3 捞出胡萝卜和黑木耳，装在碗中，加入花生和切碎的朝天椒，再加入生抽、乌醋、拌匀。

4 将拌好的凉菜装在盘中，撒上葱花即可。

1　　2　　3　　4

酸辣木瓜丝

烹饪时间：3分钟

适用人数：2人

|原料|

木瓜220克，黄瓜65克

|调料|

熟白芝麻30克，苹果醋15毫升，盐2克，白糖
1克，辣椒油5毫升，蒜末少许

木瓜焯煮的时间不宜过
长，以免煮太软影响口
感，1分钟左右即可。

做法 ↘

1 洗净、去皮的木瓜切丝，洗净的黄瓜切丝。

2 沸水锅中加入少许盐，倒入木瓜丝，焯煮至断生。

3 捞出煮好的木瓜丝，沥干后放入碗里。

4 在碗里加入凉水，冷却降温。

5 倒去碗里的水，再放入黄瓜丝。

6 倒入蒜末，再加入苹果醋。

7 放入盐、白糖、辣椒油，拌匀至入味。

8 将拌好的菜品装盘，撒上熟白芝麻即可。

酸甜西瓜翠衣

烹饪时间：22分钟
适用人数：2人

| 原料 |

西瓜翠衣200克，酸奶60克，橙汁100毫升

| 调料 |

南瓜籽油5毫升，白糖2克

做法 ↘

1 洗净的西瓜翠衣切去多余的瓜瓤，再将翠衣切粗条。

2 取一碗，倒入橙汁、酸奶，再放入白糖、南瓜籽油、拌匀，制成调味汁。

3 将调味汁倒入切好的翠衣中，拌匀，腌渍20分钟至入味。

4 夹出腌好的翠衣，整齐摆放在碟中，浇上调味汁即可。

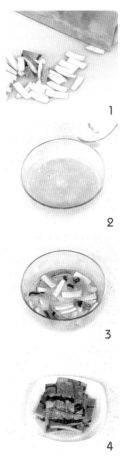

1

2

3

4

酸甜蒸苹果

烹饪时间：11分钟
适用人数：2人

|原料|

苹果2个

做法 ↘

1 洗净的苹果切成四份，再将四分之一大小的苹果再对半切开，去掉果核。

2 将切好的苹果放入碗中。

3 电蒸锅提前注水烧开，放入苹果，盖上盖，蒸10分钟。

4 揭开盖，取出蒸好的苹果即可。

润肺百合蒸雪梨

烹饪时间：15分钟

适用人数：2人

|原料|
雪梨2个，鲜百合30克

|调料|
蜂蜜适量

做法 ↘

1 洗净、去皮的雪梨从四分之一处切开。

2 掏空果核，制成雪梨盅。

3 装在蒸盘中，填入洗净的鲜百合，淋上蜂蜜。

4 取出备好的电蒸锅。

5 注入适量清水，烧开水后放入蒸盘。

6 盖上盖，蒸约15分钟，至食材熟透。

7 断电后揭盖，取出蒸盘。

8 稍微冷却后即可食用。

冰镇蜂蜜圣女果

烹饪时间：2个小时左右
适用人数：2人

| 原料 |

圣女果200克

| 调料 |

白糖25克，蜂蜜30克

做法 ↘

1 洗净的圣女果顶端打上十字刀。

2 锅中注水烧热，倒入圣女果，稍烫后捞出，放入凉水中冷却，再揭开圣女果外皮，果肉装盘。

3 盘中倒入白糖，搅拌均匀，封上保鲜膜，再放入冰箱冷藏2个小时。

4 取出冷藏好的圣女果，揭开保鲜膜，淋上蜂蜜即可。

第三章

清淡素菜，
让身体排毒 so easy

长时间坐在电脑前，痘痘肆无忌惮地叫嚣，小腹也悄然凸出？相信这是很多人的苦恼之处。那么，何不适当地吃点清淡素菜，这能让你体态轻盈、肌肤白皙、气色傲人哦！

蟹味菇炒小白菜

烹饪时间：5分钟

适用人数：3人

|原料|
小白菜500克，蟹味菇250克

|调料|
生抽、水淀粉各5毫升，盐、鸡粉、白胡椒粉
各5克，姜片、蒜末、葱段各少许，蚝油、食
用油各适量

小贴士 蟹味菇焯煮时间不宜太久，否则营养成分会流失，而且容易失掉鲜味。

做法 ↘

1 洗净的小白菜切去根部后对半切开。

2 锅中注水烧开，加入盐、食用油，拌匀，再倒入小白菜，焯煮片刻至断生。

3 捞出焯煮好的小白菜，沥干装盘。

4 将蟹味菇倒入锅中，焯煮片刻后捞出，沥干装盘。

5 用油起锅，倒入姜片、蒜末、葱段，爆香，放入蟹味菇，炒匀。

6 加入蚝油、生抽，炒匀，注入适量清水，再加入盐、鸡粉、白胡椒粉，炒匀。

7 倒入水淀粉，翻炒约2分钟至熟。

8 关火，盛出炒好的菜肴，装入摆放有小白菜的盘子中即可。

草菇扒芥菜

| 原料 | 芥菜300克，草菇200克，胡萝卜片30克

| 调料 | 盐2克，鸡粉1克，生抽5毫升，蒜片少许，水淀粉、芝麻油、食用油各适量

做法 ↘

1 洗净的草菇切十字花刀后切开；洗净的芥菜切去菜叶，将菜梗部分切块。

2 沸水锅中倒入草菇，焯煮至断生后捞出；再倒入芥菜、盐、食用油，焯煮至断生后捞出。

3 另起锅注油，倒入蒜片爆香，再放入胡萝卜片、生抽、清水、草菇，炒匀。

4 加入盐、鸡粉，焖5分钟，用水淀粉勾芡，再淋入芝麻油，炒匀，放在芥菜上即可。

烹饪时间：7分钟
适用人数：3人

西芹百合炒白果

| 原料 | 西芹150克，鲜百合、白果各100克，彩椒10克

| 调料 | 鸡粉、盐各2克，水淀粉3毫升，食用油适量

做法 ↘

1 洗净的彩椒去籽后切大块，洗净的西芹切小块。

2 锅中注水烧开，倒入白果、彩椒、西芹、百合，焯煮片刻，捞出沥干。

3 热锅注油，倒入焯煮好的食材，加入少许盐、鸡粉，炒匀，再淋入少许水淀粉，炒匀即可。

烹饪时间：2分钟
适用人数：2人

松仁玉米炒黄瓜丁

烹饪时间：3分钟
适用人数：3人

| 原料 |

玉米粒200克，松子仁100克，黄瓜85克

| 调料 |

盐2克，葱花、蒜末、鸡粉、白糖各少许，水淀粉、花生油各适量

做法 ↘

1 洗净的黄瓜切条，去除瓜瓤后切丁。

2 锅中注入食用油烧热，放入松子仁，炸至金黄色后捞出。

3 另起锅倒入花生油、蒜末，爆香，再放入玉米粒、黄瓜丁，注入清水，炒匀略煮。

4 加入白糖、鸡粉、盐，炒匀，用水淀粉勾芡，撒上葱花，炒匀装盘，最后放入松子仁即可。

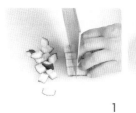

1 2 3 4

黄瓜腐竹汤

| 原料 | 黄瓜250克，水发腐竹100克

| 调料 | 盐、鸡粉各2克，葱花、胡椒粉、食用油各少许

做法 ↘

1 锅中注油烧热，倒入黄瓜片，炒匀，再加入适量清水，搅拌匀后盖上盖，煮约10分钟。

2 揭开盖，倒入腐竹段，搅拌均匀。

3 加入盐、鸡粉，拌匀，再盖上盖，续煮约10分钟至食材熟透。

4 揭开盖，加入适量胡椒粉，搅拌均匀至食材入味，盛出装碗即可。

烹饪时间：24分钟
适用人数：2人

芥蓝炒冬瓜

| 原料 | 芥蓝80克，冬瓜100克，胡萝卜40克，木耳35克

| 调料 | 盐4克，鸡粉2克，料酒4毫升，姜片、蒜末、葱段各少许，水淀粉、食用油各适量

做法 ↘

1 洗净、去皮的胡萝卜切片，洗净的木耳切片，洗净、去皮的冬瓜切片，洗净的芥蓝切段。

2 锅中注水烧开，放入食用油，再加入盐、胡萝卜、木耳、芥蓝、冬瓜，焯煮至断生后捞出。

3 用油起锅，放入姜片、蒜末、葱段，爆香，再倒入焯煮好的食材，翻炒匀。

4 放入适量盐、鸡粉，淋入料酒，炒匀，最后倒入适量水淀粉，炒匀即可。

烹饪时间：2分钟
适用人数：2人

松仁丝瓜

烹饪时间：5分钟
适用人数：2人

| 原 料 |

松仁20克，丝瓜块90克，胡萝卜片
30克

| 调 料 |

盐3克，鸡粉2克，水淀粉10毫升，
食用油5毫升，姜末、蒜末各少许

做法 ↘

1 砂锅注水烧开，加入食用油、胡萝卜片，焯煮
半分钟后放入丝瓜块，焯煮片刻后捞出，沥干。

2 用油起锅，倒入松仁，滑油翻炒片刻后捞出。

3 锅底留油，放入姜末、蒜末，爆香，再倒入胡
萝卜片、丝瓜块，炒匀。

4 加入盐、鸡粉，翻炒片刻至入味，再倒入水淀
粉，炒匀后盛出，撒上松仁即可。

南瓜番茄排毒汤

| 原料 | 小南瓜230克，圣女果70克，去皮胡萝卜45克，苹果110克

| 调料 | 蜂蜜30克

做法 ↘

1 洗净的胡萝卜切滚刀块；洗净的苹果切块；洗净的小南瓜切大块。

2 砂锅中注入适量清水烧开，倒入胡萝卜、苹果、小南瓜、圣女果，拌匀。

3 加盖，大火煮开后转小火煮30分钟。

4 揭盖，加入蜂蜜，搅拌片刻至入味，关火后盛出即可。

烹饪时间：32分钟
适用人数：2人

椒香南瓜

| 原料 | 南瓜350克，红椒15克

| 调料 | 高汤600毫升，盐、鸡粉各2克，蒜末、姜末、葱丝各少许，水淀粉、芝麻油各适量

做法 ↘

1 洗净、去皮的南瓜去瓤后切片，洗净的红椒切粒，高汤中加盐、鸡粉、红椒粒、姜末、蒜末，拌匀，调成味汁。

2 取蒸盘，放入南瓜片，淋上味汁，蒸约20分钟后取出。

3 炒锅置火上，倒入余下的高汤烧热，加入盐、鸡粉、水淀粉拌匀，再淋入芝麻油，拌匀后浇在蒸熟的菜肴上，最后撒上葱丝即可。

烹饪时间：22分钟
适用人数：2人

冰糖百合蒸南瓜

烹饪时间：13分钟
适用人数：2人

| 原料 |

南瓜条130克，鲜百合30克

| 调料 |

冰糖15克

做法 ↘

1 南瓜条装入蒸盘，再放入洗净的鲜百合，撒上冰糖。

2 备好电蒸锅，放入蒸盘。

3 盖上盖，蒸约10分钟，至食材熟透。

4 断电后，揭盖取出蒸盘，稍微冷却后即可。

翠衣冬瓜葫芦汤

烹饪时间：3分钟
适用人数：2人

| 原料 |

西瓜片80克，葫芦瓜90克，冬瓜100克，红枣
5克

| 调料 |

盐、鸡粉各2克，料酒4毫升，姜片少许，食用
油适量

做法 ↘

1. 洗净的葫芦瓜切片。

2. 处理好的西瓜片切小块。

3. 洗净、去皮的冬瓜切片。

4. 用油起锅，放入姜片，爆香，再加入料酒和适量清水烧开。

5. 倒入西瓜块、红枣，再加入葫芦瓜、冬瓜，搅拌均匀。

6. 盖上盖，煮约2分钟至食材熟软。

7. 揭开盖，放入盐、鸡粉，持续搅拌片刻，至其入味。

8. 关火后将煮好的汤盛出装碗即可。

清蒸西葫芦

烹饪时间：13分钟
适用人数：2人

|原料|

西葫芦140克，朝天椒30克

|调料|

盐2克，生抽5毫升，蒜末、葱花各少许，食用油适量

做法 ↘

1 洗净的朝天椒切圈，洗净的西葫芦切片。

2 取一盘，摆放好西葫芦，撒上朝天椒圈，再加入盐、食用油和蒜末。

3 打开电蒸笼，水箱注水后放上蒸隔，放入西葫芦，盖上盖子，选择"蔬菜"，再按"蒸盘"键，时间设为11分钟。

4 再按"开始"键蒸至食材熟透，取出撒上葱花，再浇上生抽即可。

1

2

3

4

黑蒜炒苦瓜

烹饪时间：5分钟
适用人数：2人

| 原 料 |

苦瓜200克，黑蒜70克，彩椒65克

| 调 料 |

豆豉30克，盐2克，鸡粉3克，芝麻油5毫升，姜片、蒜片、葱段各少许，水淀粉、食用油各适量

做法 ↘

1 洗净的苦瓜切片，洗净的彩椒切块。

2 锅中注水烧开，加入盐、苦瓜片，焯煮至断生，捞出沥干。

3 用油起锅，倒入蒜片、姜片，爆香，再放入豆豉、苦瓜片、彩椒块，炒匀。

4 倒入黑蒜，再加入盐、鸡粉，炒匀，放入葱段，加入水淀粉、芝麻油，翻炒约2分钟至熟即可。

明目菊花蒸茄子

烹饪时间：13分钟

适用人数：3人

064

| 原料 |

茄子250克，菊花5克

| 调料 |

盐2克，香醋8毫升，芝麻油适量

 切开的茄子可用适量清水浸泡，烹制前再捞出，这样可以防止茄子变黑。

做法 ↘

1 洗净的茄子切粗条。

2 备好热水，倒入菊花，浸泡3分钟成菊花水。

3 将切好的茄子装盘，倒入菊花水及菊花。

4 取出已烧开上气的电蒸锅，放入食材。

5 加盖，调好时间旋钮，蒸10分钟至熟。

6 揭盖，取出蒸好的食材，取走菊花。

7 香醋中加入盐、芝麻油，搅匀成调味汁。

8 将调味汁淋在蒸好的茄子上即可。

芥蓝腰果炒香菇

| 原料 | 芥蓝130克，鲜香菇55克，腰果50克，红椒25克

| 调料 | 盐3克，白糖2克，料酒4毫升，姜片、蒜末、葱段、鸡粉各少许，水淀粉、食用油各适量

做法 ↘

1 洗净的香菇切粗丝，洗净的红椒切圈，洗净的芥蓝切段。

2 沸水锅中放入食用油、盐、芥蓝段、香菇丝，焯煮至断生后捞出；腰果入油锅炸黄后捞出。

3 油锅爆香姜片、蒜末、葱段，再倒入焯煮过的食材，炒匀，加入料酒、盐、鸡粉。

4 再放入白糖、倒入红椒圈，炒匀后倒入水淀粉勾芡，最后倒入腰果，炒匀即可。

烹饪时间：2分钟
适用人数：3人

茄汁茭白

| 原料 | 茭白100克，胡萝卜30克，青豆70克，玉米粒70克

| 调料 | 盐3克，鸡粉2克，番茄酱20克，水淀粉、料酒各5毫升，姜片、蒜末、葱段各少许，食用油适量

做法 ↘

1 洗净的胡萝卜切丁，洗净的茭白切丁。

2 锅中注水烧开，加入食用油、盐、青豆、玉米粒、茭白、胡萝卜，焯煮1分钟后捞出。

3 用油起锅，倒入葱段、姜片、蒜末，爆香后放入番茄酱、焯煮过的食材，炒匀。

4 加入盐、鸡粉、料酒，炒匀，最后用水淀粉勾芡即可。

烹饪时间：1分钟
适用人数：2人

清味莴笋丝

烹饪时间：2分钟
适用人数：2人

| 原料 |

莴笋340克，红椒35克

| 调料 |

盐、鸡粉、白糖各2克，生抽3毫升，蒜末少许，亚麻籽油、辣椒油各适量

做法 ↘

1 洗净、去皮的莴笋切丝，红椒去籽后切丝。

2 锅中注水烧开，放入适量盐、亚麻籽油、莴笋丝，拌匀后焯煮片刻。

3 加入红椒丝，搅拌后焯煮约1分钟至熟，捞出沥干。

4 将莴笋和红椒装入碗，加入蒜末、盐、鸡粉、白糖、生抽、辣椒油、亚麻籽油，拌匀即可。

1   2   3   4

奶油炖菜

烹饪时间：40分钟

适用人数：2人

|原料|

胡萝卜80克，口蘑50克，土豆150克，西蓝花、春笋各100克，奶油、黄油各5克，面粉35克

|调料|

黑胡椒粉1克，料酒5毫升

小贴士

如果想要该道菜奶香味更浓，可用适量小麦粉和牛奶一起炒成牛奶糊替代面粉。

做法 ↘

1 洗净的口蘑去柄，洗净、去皮的胡萝卜切滚刀块。

2 洗净的春笋切开后改切滚刀块，洗净、去皮的土豆切开后改切滚刀块，洗净的西蓝花切小朵。

3 锅中注水烧开，倒入切好的春笋，再加入料酒，焯煮约20分钟至去除其苦涩味。

4 捞出焯煮好的春笋，装盘。

5 另起锅，倒入黄油，拌匀至熔化，再加入面粉，充分拌匀。

6 注入800毫升左右的清水，烧热后倒入焯煮好的春笋，再放入胡萝卜、口蘑、土豆，拌匀。

7 加盖，用中火炖约15分钟至食材熟透。

8 揭盖，放入切好的西蓝花，再加入盐、奶油、黑胡椒粉，拌匀后装盘即可。

粉蒸胡萝卜丝

烹饪时间：5分钟
适用人数：2人

| 原料 |

胡萝卜300克，蒸肉米粉80克

| 调料 |

盐2克，芝麻油5毫升，芝麻10克，
蒜末、葱花各少许

做法 ↘

1 洗净、去皮的胡萝卜切丝。

2 胡萝卜丝装碗，加入少许盐，再倒入蒸肉米
粉，搅拌片刻后装入蒸盘中。

3 蒸锅上火烧开，放入蒸盘，大火蒸5分钟至入
味，取出倒入碗中。

4 加入蒜末、葱花、黑芝麻、芝麻油，搅匀后装
盘即可。

1

2

3

4

胡萝卜玉米笋

烹饪时间：2分钟
适用人数：2人

| 原料 |

玉米笋160克，白菜梗40克，胡萝卜50克，彩椒20克

| 调料 |

盐、鸡粉各2克，蒜末少许，白糖、水淀粉、食用油各适量

做法 ↘

1 洗净的玉米笋对半切开，洗净的白菜梗切丝，洗净、去皮的胡萝卜切条，洗净的彩椒切粗丝。

2 锅中注水烧开，放入胡萝卜，焯煮片刻后放入玉米笋、白菜丝、彩椒丝、食用油，焯煮至断生后捞出。

3 用油起锅，撒上备好的蒜末，爆香，再倒入焯煮过的食材，用大火炒匀。

4 加入盐、白糖、鸡粉、水淀粉，炒匀即成。

蒸白萝卜

烹饪时间：8分钟
适用人数：1人

| 原 料 | 白萝卜260克，红椒丝3克

| 调 料 | 葱丝、姜丝各5克，生抽8毫升，花椒、食用油各适量

做法 ↘

1 洗净、去皮的白萝卜切片，一片叠一片地摆好，再放上姜丝。

2 蒸锅上火烧开，放入白萝卜，盖上盖，蒸8分钟左右至萝卜熟透。

3 揭盖，取出蒸好的白萝卜，拣出姜丝，再放上葱丝及红椒丝。

4 锅中注油烧热，放入花椒炒香后夹出，再将热油浇在白萝卜片上即可。

白萝卜紫菜汤

烹饪时间：3分钟
适用人数：1人

| 原 料 | 白萝卜200克，水发紫菜50克，陈皮10克

| 调 料 | 盐、鸡粉各2克，姜片少许

做法 ↘

1 洗净、去皮的白萝卜切丝，洗净、泡软的陈皮切丝。

2 锅中注水烧热，放入姜片、陈皮，煮沸后倒入白萝卜丝，搅拌片刻。

3 倒入紫菜，拌匀后盖上锅盖，煮约2分钟至熟。

4 揭开锅盖，加入盐、鸡粉，搅拌片刻，使其入味即可。

山药木耳炒核桃仁

烹饪时间：2分钟
适用人数：2人

| 原料 |

山药90克，水发木耳40克，西芹50
克，彩椒60克，核桃仁30克

| 调料 |

盐3克，白糖10克，生抽3毫升，水淀
粉4毫升，白芝麻少许，食用油适量

做法 ↘

1 洗净、去皮的山药切片，洗净的木耳、彩椒、
西芹切块。

2 锅中注水烧开，加入盐、油、山药，焯煮半分
钟后加入木耳、西芹、彩椒，煮至断生捞出；再将
核桃仁放入油锅，炸香后捞出，与白芝麻拌匀。

3 锅留油炒匀白糖、核桃仁，盛出后撒上白芝麻。

4 另起油锅，倒入焯煮过的食材，炒匀，再加入盐、
生抽、白糖、水淀粉，炒匀装盘，放上核桃仁即可。

彩椒山药炒玉米

烹饪时间：2分钟
适用人数：1人

| 原料 |

鲜玉米粒60克，彩椒25克，圆椒20克，山药120克

| 调料 |

盐、白糖、鸡粉各2克，水淀粉10毫升，食用油适量

做法 ↘

1 洗净的彩椒、圆椒均切块，洗净、去皮的山药切丁。

2 锅中注水烧开，倒入玉米粒，焯煮片刻后放入山药、彩椒、圆椒，再加入食用油、盐，拌匀，焯煮至断生后捞出。

3 用油起锅，倒入焯煮过的食材，炒匀。

4 加入盐、白糖、鸡粉，炒匀调味，用水淀粉勾芡，盛出即可。

莲藕炒秋葵

烹饪时间：3分钟
适用人数：1人

| 原料 |

莲藕250克，胡萝卜150克，秋葵50克，红彩椒10克

| 调料 |

盐2克，鸡粉1克，食用油5毫升

做法 ↘

1 洗净、去皮的胡萝卜和莲藕均切片，洗净的红彩椒、秋葵均切片。

2 锅中注水烧开，加入油、盐，拌匀后倒入切好的胡萝卜、莲藕，拌匀。

3 放入切好的红彩椒、秋葵，拌匀，焯煮至食材断生后捞出，沥干装盘。

4 用油起锅，倒入焯煮好的食材，翻炒均匀，加入盐、鸡粉，炒匀入味即可。

蘑菇藕片

烹饪时间：3分钟
适用人数：1人

| 原料 |

白玉菇100克，莲藕90克，彩椒80克

| 调料 |

盐3克，鸡粉2克，姜片、蒜末、葱段各少许，料酒、生抽、白醋、水淀粉、食用油各适量

做法 ↘

1 洗净的白玉菇切去老茎后切段，洗净的彩椒切小块，洗净、去皮的莲藕切片。

2 锅中注水烧开，放入食用油、盐、白玉菇、彩椒，焯煮1分钟后捞出；放入白醋、藕片，焯煮1分钟后捞出。

3 另起油锅，爆香姜片、蒜末、葱段，再倒入白玉菇、彩椒、莲藕，炒匀，淋入料酒，炒香。

4 加生抽、盐、鸡粉，炒匀，最后用水淀粉勾芡即可。

双拼桂花糯米藕

烹饪时间：35分钟
适用人数：2人

| 原料 |

莲藕250克，水发糯米、水发黑米各50克，白萝卜、糖桂花各15克

| 调料 |

红糖15克

做法 ↘

1 洗净、去皮的白萝卜切片，洗净、去皮的莲藕对半切开；莲藕孔里塞入糯米，白萝卜盖住两头，用牙签固定。

2 取另一段莲藕，一头盖上白萝卜，孔里塞入黑米，盖上另一片白萝卜，用牙签固定。

3 锅中注水，放入糯米莲藕、红糖；另起锅注水，放入黑米莲藕、白糖，均煮30分钟，再捞出切片。

4 另起锅，放清水、糖桂花、白糖，煮1分钟后浇在莲藕片上即可。

红枣糯米莲藕

烹饪时间：65分钟
适用人数：2人

| 原料 |

红枣3颗，糯米粉200克，莲藕300克

| 调料 |

红糖30克

小贴士

如果你的口味偏甜，可在莲藕片上淋适量蜂蜜；煮藕时忌用铁器，以免食物发黑。

做法 ↘

1 洗净的红枣切开，去核后切碎；洗净、去皮的莲藕切小段。

2 取一碗，倒入糯米粉，再放入红枣碎。

3 倒入红糖，加入少许温开水，拌匀成米糊。

4 将米糊塞满莲藕的小孔，装盘。

5 蒸锅中注水烧开，放上莲藕。

6 加盖，用中火蒸1个小时至熟软。

7 揭盖，取出蒸好的糯米莲藕，放置一旁冷却。

8 把冷却的莲藕在砧板上切片，再装入盘中即可。

芸豆赤小豆鲜藕汤

| 原料 | 莲藕300克，水发赤小豆、芸豆各200克

| 调料 | 姜片、盐各少许

做法 ↘

1 洗净、去皮的莲藕切块。

2 砂锅中注入适量的清水大火烧热，倒入莲藕、芸豆、赤小豆、姜片，搅拌片刻。

3 盖上盖，煮开后转小火煮2个小时至熟软。

4 掀开锅盖，加入少许盐，搅拌片刻，将煮好的汤盛碗即可。

烹饪时间：2个小时左右
适用人数：3人

姜丝红薯

| 原料 | 红薯130克

| 调料 | 生姜30克，盐、鸡粉各2克，水淀粉、食用油各适量

做法 ↘

1 将洗净、去皮的红薯和生姜分别切丝。

2 锅中注水烧开，放入红薯，焯煮至断生，捞出沥干。

3 用油起锅，放入姜丝，炒香，倒入焯煮过的红薯，翻炒片刻。

4 加入适量盐、鸡粉，炒入味，再倒入水淀粉勾芡即成。

烹饪时间：2分钟
适用人数：1人

马蹄玉米炒核桃

/ 烹饪时间：2分钟
适用人数：2人

| 原料 |

马蹄肉200克，玉米粒90克，核桃仁50克，彩椒35克

| 调料 |

白糖4克，盐、鸡粉各2克，葱段少许，水淀粉、食用油各适量

做法 ↘

1 洗净的马蹄肉切块，洗净的彩椒切块。

2 锅中注水烧开，倒入玉米粒，焯煮至断生，再倒入马蹄肉、食用油、彩椒、白糖，拌匀，捞出沥干。

3 用油起锅，倒入葱段，爆香，再放入焯煮过的食材和核桃仁，炒匀。

4 加入盐、白糖、鸡粉、水淀粉，炒入味即可。

蒸地三鲜

烹饪时间：18分钟

适用人数：3人

| 原料 |

茄子230克，土豆250克，青椒90克，红椒50克

| 调料 |

鸡粉2克，盐3克，生抽10毫升，橄榄油适量

 小贴士
切好的茄子若不立即下锅，可放在盐水中浸泡，以免氧化变黑。

做法 ↘

1 洗净、去皮的土豆切滚刀块。

2 洗净的茄子切滚刀块，洗净的青椒、红椒均切小段。

3 取出已烧开上气的电蒸锅，放入切好的土豆块，加盖，蒸10分钟至微熟。

4 揭盖，加一层蒸格，放入切好的茄子块和青椒、红椒。

5 加盖，续蒸5分钟至食材熟透。

6 揭盖，取出蒸好的土豆、茄子、青椒、红椒。

7 将蒸好的土豆和茄子装入大碗，加入盐、生抽、鸡粉、橄榄油，拌匀。

8 再放入青椒、红椒，拌匀即可。

烤土豆条

烹饪时间：10分钟
适用人数：1人

| 原料 |

土豆180克，干辣椒10克

| 调料 |

盐、鸡粉各1克，孜然粉5克，生抽5毫升，葱段、花椒各少许，食用油适量

做法 ↘

1 洗净、去皮的土豆切条。

2 用油起锅，倒入花椒、干辣椒、葱段、爆香，再倒入土豆，炒匀。

3 加入生抽、盐、鸡粉、孜然粉、清水，炒约2分钟，再装入烤盘中。

4 烤盘放入烤箱，以上下火200℃，烤5分钟至土豆条熟透，将烤好的土豆装盘即可。

口蘑焖土豆

烹饪时间：8分钟
适用人数：2人

| 原料 |

口蘑80克，土豆150克，青椒25克，红椒20克

| 调料 |

盐3克，鸡粉2克，豆瓣酱8克，姜片、蒜末、葱段各少许，料酒、生抽、水淀粉、食用油各适量

做法 ↘

1 洗净的口蘑切片，洗净的青椒、红椒均切块，洗净、去皮的土豆切丁。

2 锅中注水烧开，加入盐、土豆丁，焯煮1分钟后加入口蘑，焯煮半分钟后捞出。

3 用油起锅，爆香姜片、蒜末，再倒入土豆、口蘑炒匀，加料酒、生抽、豆瓣酱、盐、鸡粉、水焖5分钟。

4 放入青椒、红椒、水淀粉、葱段炒香即可。

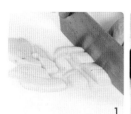

双椒炒魔芋

烹饪时间: 5分钟
适用人数: 3人

| 原料 |

魔芋黑糕300克，青椒130克，红椒80克

| 调料 |

盐2克，鸡粉、白糖各3克，料酒、生抽各5毫升，姜片、葱段各少许，水淀粉、芝麻油、食用油各适量

做法 ↘

1 魔芋黑糕切条，洗净的青椒、红椒均切段。

2 锅中注水烧开，放入魔芋黑糕条，煮2分钟后捞出，沥干。

3 另起油锅，放入姜片、葱段，爆香，再倒入魔芋、生抽、料酒、清水、盐、白糖，焖2分钟。

4 加入鸡粉、青椒、红椒，炒匀，最后加入水淀粉、芝麻油，炒入味即可。

1   2   3   4

素烧魔芋结

烹饪时间：5分钟
适用人数：2人

| 原料 |

魔芋小结150克，上海青110克，香菇15克，红椒30克

| 调料 |

盐、鸡粉各2克，芝麻油5毫升，葱段少许，水淀粉、食用油各适量

做法 ↘

1 洗净的上海青对半切开，洗净的香菇表面划上十字花刀，洗净的红椒切丁。

2 锅中注水烧开，分别倒入魔芋小结、香菇、上海青，焯煮片刻后捞出；上海青加盐、油拌匀装盘。

3 另起油锅，倒入香菇，炒香，再加入葱段、红椒，炒匀，最后倒入魔芋小结，炒匀。

4 注入清水，加入盐、鸡粉，炒匀，再倒入水淀粉、芝麻油，炒3分钟，最后盛到青菜上即可。

1

2

3

4

粉蒸四季豆

烹饪时间：18分钟
适用人数：2人

| 原料 | 四季豆200克，蒸肉米粉30克

| 调料 | 盐2克，生抽8毫升，食用油适量

做法 ↘

1 择洗干净的四季豆切段，装碗。

2 碗中倒入盐、生抽、食用油，拌匀，腌渍约5分钟。

3 取腌好的四季豆，加入蒸肉米粉拌匀，再装入蒸盘中。

4 备好电蒸锅，烧开水后放入蒸盘，蒸约15分钟至熟透，取出即可。

五宝菜

烹饪时间：2分钟
适用人数：1人

| 原料 | 绿豆芽45克，彩椒、胡萝卜各40克，小白菜、鲜香菇各35克

| 调料 | 盐3克，鸡粉少许，料酒3毫升，水淀粉、食用油各适量

做法 ↘

1 洗净的彩椒切丝，洗净的香菇切丝，洗净、去皮的胡萝卜切丝。

2 锅中注水烧开，放入食用油、盐、胡萝卜丝、香菇丝、绿豆芽、小白菜、彩椒，焯煮片刻后捞出。

3 另起油锅，倒入焯煮过的食材，炒匀，再加料酒、盐、鸡粉，炒香、炒透。

4 倒入水淀粉，炒至食材入味即成。

素炒黄豆芽

烹饪时间：3分钟
适用人数：1人

| 原料 |

黄豆芽150克，青椒、红椒各40克

| 调料 |

盐、鸡粉各2克，料酒3毫升，水淀粉少许，姜片、蒜末、食用油各适量

做法 ↘

1 洗净的红椒、青椒去籽后均切丝。

2 用油起锅，放入姜片、蒜末，爆香，倒入切好的青椒、红椒，再放入豆芽，炒匀。

3 放入盐、鸡粉、料酒，翻炒至食材熟软。

4 用水淀粉勾芡，盛出炒好的菜肴装盘即可。

姜葱淡豆豉豆腐汤

| 原料 | 豆腐300克,西洋参8克,黄芪10克

| 调料 | 盐、鸡粉各2克,淡豆豉、姜片、葱段各少许,食用油适量

做法 ↘

1 豆腐切块。

2 热锅中注油烧热,放入豆腐块,煎至表面微黄后捞出,沥干。

3 锅底留油,爆香姜片、葱段、淡豆豉,再注入清水,倒入豆腐、黄芪、西洋参,焖2分钟。

4 加入少许盐、鸡粉,持续搅拌片刻即可。

烹饪时间:3分钟
适用人数:2人

苦瓜炒豆腐干

| 原料 | 苦瓜250克,豆腐干100克,红椒30克

| 调料 | 盐、鸡粉各2克,白糖3克,姜片、蒜末、葱白各少许,水淀粉、食用油各适量

做法 ↘

1 洗净的苦瓜去瓤后切丝,洗净的豆腐干切丝,洗净的红椒切丝。

2 热锅中注油烧热,倒入豆腐干,搅动片刻后捞出,沥干。

3 锅底留油,爆香姜片、蒜末、葱白,再倒入苦瓜丝、盐、白糖、鸡粉、清水炒匀。

4 放入豆腐干、红椒丝,炒至断生,再倒入水淀粉,炒入味即成。

烹饪时间:3分钟
适用人数:2人

酱爆香干丁

烹饪时间：4分钟
适用人数：2人

| 原料 |
香干200克，芹菜100克，红椒30克

| 调料 |
姜片10克，蒜末15克，黄豆酱20
克，盐2克，鸡粉3克，水淀粉、食
用油各适量

做法 ↘

1 洗净的芹菜切段，洗净的红椒切块，洗净的香
干切丁。

2 锅中注水烧开，倒入香干，焯煮片刻后捞出。

3 另起油锅，爆香姜片、蒜末，再放入芹菜、红
椒、香干、黄豆酱，炒匀。

4 注入清水，加入盐、鸡粉，炒匀，再倒入水淀
粉，翻炒约2分钟即可。

1　2　3　4

西芹腰果炒香干

烹饪时间：4分钟
适用人数：3人

| 原料 |

西芹220克，香干250克，红椒30克，
熟腰果80克

| 调料 |

盐、白糖各2克，鸡粉3克，生抽5毫
升，蒜末、姜片各少许，水淀粉、
食用油各适量

做法 ↘

1 洗净的红椒切片，洗净的西芹切段，洗净的香
干切块。

2 锅中注水烧开，倒入西芹段，焯煮片刻后捞
出；再放入香干块，焯煮片刻后捞出。

3 用油起锅，爆香姜片、蒜末，再倒入香干块、
生抽、西芹段、红椒片，炒匀。

4 注入清水，加入盐、鸡粉、白糖，炒匀，再倒
入水淀粉，炒入味后装盘，放上熟腰果即可。

香菜豆腐干

烹饪时间：2分钟
适用人数：2人

| 原料 |

香干300克，香菜60克，朝天椒20克

| 调料 |

鸡粉1克，盐、白糖各2克，苏籽油、大豆油、生抽、陈醋各5毫升

做法 ↘

1 洗净的香干切片，洗净的香菜切段，洗净的朝天椒切圈。

2 沸水锅中加入盐、香干，焯煮至断生后捞出，沥干水分。

3 取一碗，倒入焯煮过的香干，再倒入朝天椒、香菜。

4 加入盐、鸡粉、生抽、陈醋、白糖、苏籽油、大豆油，拌匀后装盘即可。

芹菜豆皮

| 原料 | 豆皮110克，芹菜100克

| 调料 | 盐、鸡粉各2克，胡椒粉3克，蒜末、姜片各少许，食用油适量

做法 ↘

1 洗净的芹菜切段，洗净的豆皮切块。

2 热锅中注油烧热，放入豆皮，炸黄后捞出，沥干，再切成小段。

3 用油起锅，放入姜片、蒜末，爆香，再倒入芹菜段，炒香。

4 放入豆皮段，炒匀后注入清水，再加入盐、鸡粉、胡椒粉，炒入味即可。

烹饪时间：5分钟
适用人数：2人

双菇玉米菠菜汤

| 原料 | 香菇、金针菇各80克，菠菜50克，玉米段60克

| 调料 | 盐2克，鸡粉3克，姜片少许

做法 ↘

1 锅中注入清水烧开，放入切块的香菇、玉米段和姜片，拌匀，煮15分钟左右至全部食材断生。

2 倒入菠菜和金针菇，拌匀，再加少许盐、鸡粉，拌匀调味。

3 用中火煮约2分钟至食材熟透，关火后盛出煮好的汤料，装碗即可。

烹饪时间：17分钟
适用人数：1人

烧汁猴头菇

烹饪时间：12分钟
适用人数：1人

| 原料 |

水发猴头菇65克，西蓝花80克

| 调料 |

鸡粉4克，盐、白糖各3克，蚝油7
克，老抽、鸡汁、料酒各8毫升，
水淀粉7毫升，芝麻油2毫升，葱
条、姜片各少许，食用油适量

做法 ↘

1 洗净的西蓝花切块；锅中注水烧开，放入食用
油、盐、鸡粉、西蓝花，焯煮半分钟后捞出。

2 锅中注水烧开，放入葱条、姜片、猴头菇、鸡
汁、料酒，煮10分钟后将猴头菇捞出。

3 另起油锅，倒入清水、盐、鸡粉、蚝油、老抽、
白糖调匀，再倒入水淀粉勾芡，淋入芝麻油拌匀。

4 将猴头菇装盘，摆上西蓝花，最后浇上芡汁
即可。

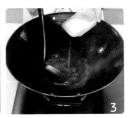

泡椒杏鲍菇炒秋葵

烹饪时间: 2分钟
适用人数: 2人

| 原料 | 秋葵75克, 口蘑55克, 红椒15克, 杏鲍菇35克, 泡椒30克

| 调料 | 盐3克, 鸡粉2克, 姜片少许, 水淀粉、食用油各适量

做法 ↘

1 洗净的秋葵切块, 洗净的红椒切段, 洗净的口蘑切块, 洗净的杏鲍菇切块。

2 沸水锅中放入口蘑, 焯煮片刻后倒入杏鲍菇、秋葵、食用油、盐、红椒, 焯煮至断生后捞出。

3 用油起锅, 放入姜片, 爆香, 再倒入泡椒, 炒香, 放入焯煮过的食材, 炒匀。

4 加入盐、鸡粉、水淀粉, 炒入味即可。

荷兰豆炒香菇

烹饪时间: 2分钟
适用人数: 1人

| 原料 | 荷兰豆120克, 鲜香菇60克

| 调料 | 盐3克, 鸡粉2克, 料酒5毫升, 蚝油6克, 水淀粉4毫升, 葱段少许, 食用油适量

做法 ↘

1 洗净的荷兰豆切去头尾, 洗净的香菇切丝。

2 锅中注入清水烧开, 加入盐、食用油、鸡粉、香菇丝, 焯煮片刻; 再倒入荷兰豆, 焯煮1分钟后捞出。

3 用油起锅, 倒入葱段, 爆香, 再放入焯煮过的荷兰豆、香菇。

4 淋入料酒、蚝油, 炒匀, 再放入鸡粉、盐, 炒匀, 最后倒入水淀粉勾芡即可。

香菇豌豆炒笋丁

烹饪时间：2分钟
适用人数：1人

| 原 料 |

水发香菇65克，竹笋85克，胡萝卜70克，彩椒15克，豌豆50克

| 调 料 |

盐、鸡粉各2克，料酒、食用油各适量

做法 ↘

1 洗净的竹笋切丁，洗净、去皮的胡萝卜切丁，洗净的彩椒切块，洗净的香菇切块。

2 锅中注水烧开，放入竹笋、料酒，焯煮1分钟后放入香菇、豌豆、胡萝卜，拌匀，再焯煮1分钟。

3 加入食用油后放入彩椒，拌匀，捞出。

4 用油起锅，倒入焯煮过的食材，加入盐、鸡粉，炒匀即可。

笋菇菜心

烹饪时间：4分钟

适用人数：2人

| 原料 |

冬笋180克，菜心100克，水发香菇150克

| 调料 |

盐2克，鸡粉1克，蚝油5克，生抽、水淀粉各5毫升，姜片、蒜片、葱段各少许，芝麻油、食用油各适量

 小贴士

在泡发香菇的水中加少许白糖，就能很快地发好香菇，而且味道更加鲜美。

做法 ↘

1 洗净、去皮的冬笋切段，洗净的香菇去柄后切块。

2 沸水锅中加入盐、食用油、菜心，焯煮至断生后捞出，沥干。

3 锅中倒入香菇，焯煮至断生。

4 捞出焯煮过的香菇，沥干装盘。

5 锅中倒入冬笋，焯煮至断生，捞出沥干，装盘。

6 另起油锅，倒入姜片、蒜片，爆香，再倒入香菇、冬笋，翻炒约2分钟至熟。

7 放入生抽、蚝油，炒匀，注入清水，再加入盐、鸡粉、葱段，炒入味。

8 用水淀粉勾芡，淋入芝麻油，炒匀后盛出，放在菜心上即可。

珍珠莴笋炒白玉菇

烹饪时间：5分钟
适用人数：2人

|原料|

水发珍珠木耳160克，莴笋95克，
白玉菇110克

|调料|

盐、鸡粉各2克，料酒5毫升，蒜末
少许，水淀粉、食用油各适量

做法 ↘

1 洗净、去皮的莴笋切菱形片，洗净的白玉菇
切段。

2 锅中注水烧开，倒入珍珠木耳、白玉菇、莴
笋，焯煮片刻后盛出，沥干。

3 用油起锅，放入蒜末，爆香，再倒入珍珠木
耳、白玉菇、莴笋，淋入料酒，炒2分钟。

4 加入盐、鸡粉、水淀粉，翻炒片刻至入味即可。

蒜苗炒口蘑

烹饪时间：4分钟
适用人数：2人

| 原料 |

口蘑250克，蒜苗2根，朝天椒圈
15克

| 调料 |

盐、鸡粉各1克，蚝油5克，生抽5
毫升，姜片少许，水淀粉、食用油
各适量

做法 ↘

1 洗净的口蘑切厚片，洗净的蒜苗切段。

2 锅中注水烧开，倒入口蘑，焯煮至断生后捞
出，沥干。

3 另起锅注油，倒入姜片、朝天椒圈，爆香，再
倒入口蘑、生抽、蚝油，炒1分钟。

4 注入清水，加入盐、鸡粉、蒜苗，炒约1分钟
至断生，最后用水淀粉勾芡即可。

1   2   3   4

胡萝卜炒口蘑

| 原料 | 胡萝卜120克，口蘑100克

| 调料 | 盐、鸡粉各2克，料酒3毫升，生抽4毫升，姜片、蒜末、葱段各少许，水淀粉、食用油各适量

做法 ↘

1 洗净的口蘑切片，洗净、去皮的胡萝卜切片。

2 锅中注水烧开，放入盐、食用油、胡萝卜片，焯煮半分钟；再放入口蘑，焯煮至断生后捞出。

3 另起油锅，爆香姜片、蒜末、葱段，再倒入焯煮过的食材，翻炒几下。

4 放入料酒、生抽，炒香，再加入盐、鸡粉、水淀粉，炒入味即成。

烹饪时间：2分钟
适用人数：1人

什锦蒸菌菇

| 原料 | 蟹味菇90克，杏鲍菇80克，秀珍菇70克，香菇50克，胡萝卜30克

| 调料 | 葱段、姜片各5克，葱花、盐、鸡粉、白糖各3克，生抽10毫升

做法 ↘

1 洗净的杏鲍菇切条，洗净的秀珍菇切条，洗净的香菇切片，洗净的胡萝卜切条。

2 取一碗，倒入杏鲍菇、秀珍菇、香菇、胡萝卜、蟹味菇、姜片、葱段，加入生抽、盐、鸡粉、白糖，腌渍5分钟。

3 取出已烧开上气的电蒸锅，放入腌渍好的菌菇，蒸5分钟至熟后取出，撒上葱花即可。

烹饪时间：10分钟
适用人数：2人

西芹藕丁炒姬松茸

烹饪时间：2分钟
适用人数：3人

| 原料 |

莲藕120克，鲜百合30克，水发姬松茸50克，西芹100克，彩椒20克

| 调料 |

盐4克，鸡粉2克，生抽3毫升，料酒、水淀粉各4毫升，姜片、蒜末、葱段各少许，食用油适量

做法 ↘

1 洗净、去皮的西芹切段，洗净的彩椒切块，洗净的姬松茸切段，洗净去皮的莲藕切丁。

2 锅中注水烧开，加入食用油、盐、藕丁，焯煮片刻后放入姬松茸、西芹、百合，焯煮至断生后捞出。

3 另起油锅，倒入姜片、蒜末、葱段，炒匀，再放入焯过水的食材，快速炒匀。

4 加料酒、鸡粉、盐、生抽炒匀，用水淀粉勾芡即可。

枸杞百合蒸木耳

| 原料 | 百合50克，枸杞5克，水发木耳100克

| 调料 | 盐1克，芝麻油适量

做法 ↘
1 取一空碗，放入木耳、百合、枸杞。
2 碗中调入芝麻油、盐，搅拌均匀，装盘。
3 在已注水烧开的电蒸锅中放入食材，加盖，调好时间旋钮，蒸5分钟至熟。
4 揭盖，取出蒸好的枸杞百合蒸木耳即可。

烹饪时间：6分钟
适用人数：1人

木耳炒上海青

| 原料 | 上海青150克，木耳40克

| 调料 | 盐3克，鸡粉2克，料酒3毫升，蒜末少许，水淀粉、食用油各适量

做法 ↘
1 洗净的木耳切小块。
2 锅中注水烧开，放入木耳、盐，焯煮1分钟后捞出。
3 用油起锅，放入蒜末，爆香，再倒入上海青，炒软后放入木耳，翻炒匀。
4 加入盐、鸡粉、料酒，炒匀，再倒入适量水淀粉，快速拌炒匀即可。

烹饪时间：2分钟
适用人数：3人

木耳炒百合

烹饪时间：2分钟
适用人数：1人

| 原料 |

水发木耳50克，鲜百合40克，胡萝卜70克

| 调料 |

盐3克，鸡粉2克，料酒3毫升，生抽4毫升，姜片、蒜末、葱段各少许，水淀粉、食用油各适量

做法 ↘

1 洗净、去皮的胡萝卜切片，洗净的木耳切块。

2 锅中注水烧开，加入盐、胡萝卜片、木耳、食用油，焯煮约1分钟后捞出，沥干。

3 另起油锅，爆香姜片、蒜末、葱段，再倒入百合、料酒和焯煮过的食材，炒至熟。

4 加入盐、鸡粉、生抽、水淀粉，炒入味，最后装盘即成。

仙人掌百合烧大枣

烹饪时间：5分钟
适用人数：2人

| 原料 |

胡萝卜100克，食用仙人掌180克，鲜百合50克，大枣45克

| 调料 |

盐2克，鸡粉3克，水淀粉5毫升，芝麻油3毫升，姜片、葱段各少许，食用油适量

做法 ↘

1 洗净、去皮的胡萝卜切片，洗净、去皮的仙人掌切块。

2 锅中注水烧开，倒入胡萝卜、仙人掌、大枣、百合，搅匀，煮沸后捞出，沥干。

3 另起油锅，放入葱段、姜片，爆香，再倒入焯煮过的食材，炒匀。

4 放入盐、鸡粉，炒匀调味，再放入水淀粉，勾芡，最后加入芝麻油，炒匀盛出即可。

第四章

米饭杀手，整个重口味素菜

对素食的概念还停留在清淡味寡？其实素食也能鲜香四溢、色泽诱人，不仅如此，还能满足你对"重口味"的追求。嗜生、嗜辣、嗜香的你，准备好了么？

豉油蒸菜心

烹饪时间：6分钟

适用人数：2人

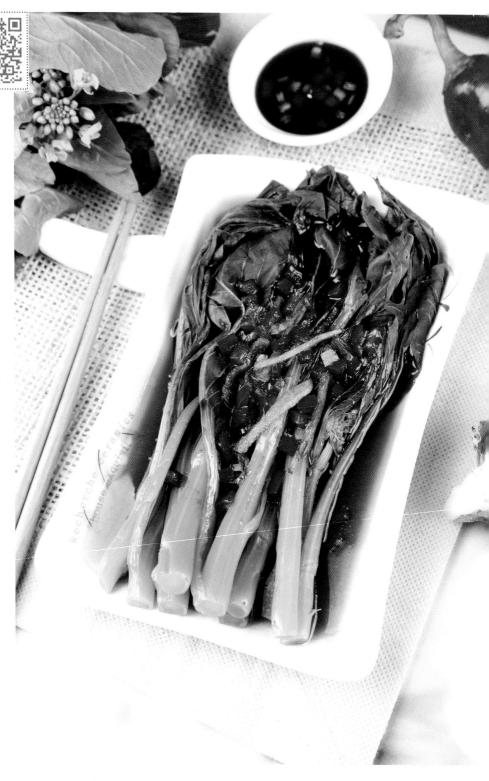

|原料|

菜心150克，红椒丁5克

|调料|

姜丝2克，蒸鱼豉油10毫升，食用油适量

小贴士

菜心以其嫩叶和嫩薹为食用部分，味道鲜美，清爽可口，更易蒸熟。

做法 ↘

1 取出备好的电蒸锅。

2 注入适量清水烧开，放入洗净的菜心。

3 盖上盖，蒸约3分钟，至食材熟透。

4 断电后揭盖，取出菜心。

5 锅中注入适量的食用油，大火烧热。

6 撒上姜丝，爆香，再倒入红椒丁。

7 炒匀，再淋上蒸鱼豉油，调成味汁。

8 关火后盛出，浇在菜心上，摆好盘即成。

油泼生菜

烹饪时间：3分钟
适用人数：2人

| 原料 |

生菜叶260克，剁椒30克

| 调料 |

蒜末少许，食用油适量

做法 ↘

1 锅中注水烧开，加入盐、食用油、生菜叶。

2 焯煮至断生后捞出，沥干。

3 另起锅，注入适量食用油，烧至三四成热后关火。

4 取一盘，放入焯煮过的生菜叶，撒上剁椒、蒜末，再浇上锅中的热油即成。

蒜蓉蒸娃娃菜

烹饪时间：19分钟
适用人数：3人

| 原料 |

娃娃菜350克，水发粉丝200克，红彩椒粒15克

| 调料 |

蒜末15克，盐、鸡粉各1克，生抽5毫升，葱花少许，食用油适量

做法 ↘

1 泡好的粉丝切段；洗净的娃娃菜切条，摆放在盘的四周，并放上粉丝。

2 蒸锅注水烧开，放入食材，蒸15分钟后取出。

3 另起油锅，倒入蒜末，爆香，再倒入生抽、红彩椒粒，拌匀。

4 加入盐、鸡粉，炒约2分钟至入味，浇在娃娃菜上，最后撒上葱花即可。

1   2   3   4

茄汁蒸娃娃菜

| 原料 | 娃娃菜300克，红椒丁、青椒丁各5克

| 调料 | 盐、鸡粉各2克，番茄酱5克，水淀粉10毫升

做法 ↘

1 洗净的娃娃菜切瓣，摆放在蒸盘中。

2 电蒸锅注水烧开后放入食材，盖上盖，蒸约5分钟至熟软后取出。

3 炒锅置火上烧热，倒入青、红椒丁，炒匀，再放入番茄酱，炒香。

4 加入鸡粉、盐、水淀粉，调成味汁，浇在蒸盘中即成。

烹饪时间：8分钟
适用人数：2人

油豆腐包菜

| 原料 | 油豆腐100克，包菜200克，红椒20克

| 调料 | 生抽4毫升，豆瓣酱8克，鸡粉2克，水淀粉3毫升，姜片、蒜末、葱段各少许，盐、食用油各适量

做法 ↘

1 油豆腐切块，洗净的红椒切圈，洗净的包菜切块。

2 锅中注水烧开，加入食用油、盐、包菜，焯煮1分钟后放入油豆腐，再焯煮半分钟后捞出。

3 用油起锅，爆香姜片、蒜末、葱段，再放入红椒圈、焯煮过的包菜和油豆腐，炒匀。

4 加入生抽、清水、豆瓣酱、盐、鸡粉，炒匀，最后倒入水淀粉勾芡即可。

烹饪时间：3分钟
适用人数：2人

酸辣魔芋烧笋条

烹饪时间：18分钟
适用人数：2人

| 原料 |

魔芋豆腐260克，竹笋60克，彩椒10克

| 调料 |

剁椒30克，盐3克，生抽4毫升，料酒6毫升，陈醋8毫升，葱花、蒜末、鸡粉各少许，水淀粉、辣椒油、食用油各适量

做法 ↘

1 洗净的魔芋、竹笋均切条，洗净的彩椒切丝。

2 锅中注水烧开，倒入竹笋条、料酒，煮4分钟后捞出；倒入魔芋，焯煮1分钟后捞出。

3 用油起锅，爆香蒜末，加入剁椒、清水，略煮后倒入魔芋、竹笋、料酒、盐、鸡粉、生抽，焖约12分钟。

4 倒入彩椒丝、陈醋，炒匀，再用水淀粉勾芡，淋入辣椒油炒入味后盛入盘中，最后撒上葱花即可。

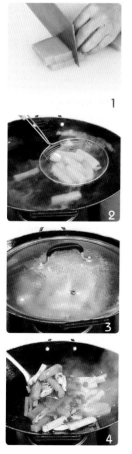

家常小炒魔芋结

烹饪时间：2分钟

适用人数：一人

| 原料 |

魔芋小结180克

| 调料 |

豆瓣酱25克，鸡粉2克，姜末、蒜末、葱花、白糖各少许，水淀粉、食用油各适量

小贴士　焯煮魔芋时最好淋上少许食用油，能使成品的口感更爽滑。

做法 ↘

1 锅中注入适量清水烧开。

2 倒入备好的魔芋小结。

3 焯煮约1分钟，至其断生后捞出，沥干。

4 锅中注入适量的食用油，大火烧热。

5 放入豆瓣酱，炒香，再撒上姜末、蒜末，炒匀。

6 注入适量清水，倒入焯煮过的食材，再加入少许鸡粉、白糖，炒匀调味。

7 用水淀粉勾芡，至食材熟透。

8 关火后盛出菜肴，装盘即可。

泡椒烧魔芋

烹饪时间：5分钟
适用人数：3人

| 原 料 | 魔芋黑糕块300克

| 调 料 | 郫县豆瓣酱30克，泡姜20克，葱段10克，泡朝天椒16克，花椒15克，蒜片少许，盐2克，鸡粉3克，白糖5克，料酒、生抽各5毫升，水淀粉、食用油各适量

做法 ↘

1 洗净的泡姜切块；洗净的泡朝天椒对半切开；沸水锅中倒入魔芋黑糕块，焯煮片刻后盛出。

2 另起油锅，爆香花椒、泡姜，再加入泡朝天椒、蒜片、豆瓣酱、魔芋黑糕块，炒匀。

3 加入料酒、生抽，炒匀，再注入少量清水，焖2分钟至入味，加入盐、鸡粉、白糖，炒匀，最后倒入水淀粉、葱段，炒匀即可。

香辣味土豆条

烹饪时间：9分钟
适用人数：2人

| 原 料 | 土豆235克，番茄酱30克

| 调 料 | 辣椒粉25克，葱花少许，食用油适量

做法 ↘

1 洗净、去皮的土豆切条，放入凉水中，洗去多余淀粉。

2 锅中注油烧热，放入土豆条，炸黄后捞出，装盘。

3 撒上适量葱花、辣椒粉，拌匀，最后在旁边摆上番茄酱即可。

鱼香土豆丝

烹饪时间：2分钟
适用人数：2人

| 原料 |

土豆200克，青椒、红椒各40克

| 调料 |

豆瓣酱15克，陈醋6毫升，白糖2克，葱段、蒜末各少许，盐、鸡粉、食用油各适量

做法 ↘

1 洗净、去皮的土豆切丝，洗净的红椒、青椒均切丝。

2 另起油锅，爆香蒜末、葱段，再倒入土豆丝、青椒丝、红椒丝，炒匀。

3 加入豆瓣酱、盐、鸡粉、白糖，炒匀。

4 加入陈醋，快速翻炒均匀，至食材入味即可。

青红椒煮土豆

烹饪时间：20分钟

适用人数：2人

| 原料 |

土豆200克，青椒块、红椒块各30克

| 调料 |

姜片10克，盐、鸡粉各3克，食用油适量

土豆去皮以后，如果等待下锅，可以放入冷水中，再滴入几滴醋，以保持其外表洁白。

做法 ↘

1 洗净的土豆切块。

2 取电饭锅，倒入土豆块、青椒块、红椒块、姜片，再加入食用油。

3 注入适量清水，拌匀。

4 盖上盖，按"功能"键，选择"蒸煮"功能。

5 蒸煮时间为20分钟。

6 揭开盖，加入盐、鸡粉。

7 稍稍搅拌至入味。

8 盛出煮好的土豆，装入碗中即可。

干煸土豆条

烹饪时间：5分钟
适用人数：2人

| 原料 |

土豆350克

| 调料 |

盐3克，鸡粉4克，辣椒油5毫升，干辣椒、蒜末、葱段各少许，水淀粉、食用油各适量

做法 ↘

1 洗净、去皮的土豆切条。

2 锅中注水烧开，放入少许盐、鸡粉、土豆条，焯煮3分钟后捞出。

3 另起油锅，放入蒜末、干辣椒、葱段，爆香，再倒入焯煮过的土豆条，炒匀。

4 放入生抽、盐、鸡粉，炒匀，再淋入辣椒油，炒匀，最后倒入水淀粉勾芡即可。

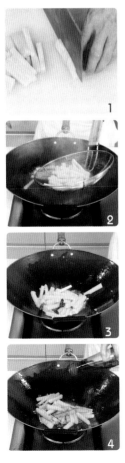

椒油笋丁

烹饪时间：3分钟
适用人数：1人

|原料|

莴笋120克，红椒25克

|调料|

花椒10克，生抽3毫升，鸡粉2克，
豆瓣酱6克，水淀粉2毫升，盐、食
用油各适量

做法 ↘

1 洗净、去皮的莴笋切丁，洗净的红椒去籽后切丁。

2 锅中注水烧开，放入盐、食用油、莴笋、红椒，焯煮1分钟后捞出。

3 用油起锅，倒入花椒，炒香，再倒入焯煮过的莴笋和红椒，炒匀。

4 淋入生抽，再加入盐、鸡粉、豆瓣酱，炒匀，最后倒入水淀粉勾芡即可。

茄汁莴笋

烹饪时间：3分钟
适用人数：2人

| 原料 |

莴笋200克，圣女果180克，蟹味菇120克

| 调料 |

番茄酱20克，盐2克，白糖3克，食用油适量

做法 ↘

1 洗净的圣女果对半切开，洗净、去皮的莴笋切片，洗净的蟹味菇切去根部。

2 锅中注水烧开，加入盐、蟹味菇、莴笋片、食用油，焯煮1分钟后捞出，沥干。

3 另起油锅，放入圣女果，炒出汁水，再倒入蟹味菇和莴笋片，炒匀。

4 加入白糖、盐、番茄酱，炒至熟软即成。

葱椒莴笋

烹饪时间：2分钟
适用人数：2人

| 原料 |

莴笋200克，红椒30克

| 调料 |

盐4克，鸡粉2克，豆瓣酱10克，水淀粉8毫升，葱段、花椒、蒜末各少许，食用油适量

做法 ↘

1 洗净、去皮的莴笋切片，洗净的红椒切块。

2 沸水锅中倒入食用油、盐、莴笋片，焯煮1分钟后捞出，沥干。

3 另起油锅，爆香红椒、葱段、蒜末、花椒，再倒入莴笋，炒匀。

4 加入豆瓣酱、盐、鸡粉，炒匀，最后淋入适量水淀粉，翻炒匀，装盘即可。

辣椒酱孜然莲藕

|原料| 莲藕400克，辣椒酱30克

|调料| 盐3克，鸡粉2克，孜然粉5克，姜片、蒜末、葱段各少许，生抽、白醋、食用油各适量

做法 ↘

1 洗净、去皮的莲藕切薄片。

2 取一碗，倒入清水、盐、白醋、莲藕，拌匀；沸水锅中倒入拌匀的莲藕，煮至断生后捞出，过冷水。

3 用油起锅，倒入姜片、蒜末，爆香，再放入辣椒酱、孜然粉、莲藕，炒匀。

4 加入生抽、盐、鸡粉，翻炒约2分钟，使其入味，最后放入葱段，炒匀装盘即可。

烹饪时间：5分钟
适用人数：3人

辣油藕片

|原料| 莲藕350克

|调料| 白醋7毫升，陈醋10毫升，辣椒油8毫升，盐、鸡粉各2克，生抽、水淀粉各4毫升，姜片、蒜末、葱花各少许，食用油适量

做法 ↘

1 洗净、去皮的莲藕切成藕片。

2 锅中注水烧开，放入白醋、藕片，焯煮半分钟后捞出，沥干。

3 用油起锅，倒入姜片、蒜末，爆香，再倒入藕片，炒匀。

4 淋入陈醋、辣椒油，再加入盐、鸡粉、生抽，炒匀，最后用水淀粉勾芡，撒上葱花，炒香即可。

烹饪时间：2分钟
适用人数：2人

萝卜干炒青椒

烹饪时间：2分钟
适用人数：3人

| 原料 |

萝卜干200克，青椒80克

| 调料 |

鸡粉2克，豆瓣酱15克，蒜末、葱段各少许，盐、食用油各适量

做法 ↘

1 萝卜干切粒，洗净的青椒去籽后切粒。

2 锅中注水烧开，倒入萝卜干，煮去多余的盐分，捞出沥干。

3 用油起锅，倒入蒜末、葱段、青椒，爆香，再放入萝卜干，快速翻炒片刻。

4 加入适量豆瓣酱，炒匀，最后加入少许盐、鸡粉，炒匀调味即可。

川味烧萝卜

烹饪时间：18分钟
适用人数：3人

|原料|

白萝卜400克，红椒35克

|调料|

白芝麻4克，干辣椒15克，花椒5克，鸡粉1克，盐、豆瓣酱各2克，生抽4毫升，蒜末、葱段各少许，水淀粉、食用油各适量

做法 ↘

1 洗净、去皮的白萝卜切条，洗净的红椒斜切圈。

2 用油起锅，倒入花椒、干辣椒、蒜末、爆香，再放入白萝卜条，炒匀。

3 加入豆瓣酱、生抽、盐、鸡粉，炒熟，再注入清水，煮10分钟。

4 放入红椒圈，炒至断生后用水淀粉勾芡，再撒上葱段，炒香盛出，最后撒上白芝麻即可。

麻辣小芋头

烹饪时间：18分钟
适用人数：3人

| 原料 |

芋头500克，干辣椒10克，花椒5克

| 调料 |

豆瓣酱15克，盐、鸡粉各2克，辣椒酱8克，水淀粉5毫升，蒜末、葱花各少许，食用油适量

做法 ↘

1 热锅中注油烧热，倒入去皮、洗净的芋头，炸1分钟后捞出，沥干。

2 锅底留油烧热，倒入干辣椒、花椒、蒜末，再倒入豆瓣酱、芋头，炒匀。

3 注入清水，加入盐、鸡粉、辣椒酱，炒匀，煮约15分钟。

4 大火收汁，倒入水淀粉，拌炒均匀后盛出，撒上葱花即可。

炝拌手撕蒜薹

烹饪时间：2分钟

适用人数：2人

|原料|

蒜薹300克

|调料|

辣椒酱50克，陈醋、芝麻油各5毫升，蒜末少许，食用油适量

 焯煮好的蒜薹可在凉水中浸泡片刻，这样食用起来口感会更好。

做法 ↘

1 锅中注入适量的清水。

2 用大火将其烧开。

3 倒入蒜薹，搅匀，焯煮至断生。

4 将食材捞出，沥干。

5 取一碗，装入撕成细丝的蒜薹。

6 倒入辣椒酱、蒜末，搅拌片刻。

7 淋入少许食用油、陈醋、芝麻油，搅拌片刻。

8 取一盘子，将拌好的蒜薹倒入即可。

铁板花菜

烹饪时间：3分钟
适用人数：2人

| 原料 | 花菜300克，红椒15克

| 调料 | 香菜20克，盐3克，鸡粉2克，料酒5毫升，生抽4毫升，辣椒酱10克，蒜末、干辣椒、葱段各少许，水淀粉、食用油各适量

做法 ↘

1 洗净的红椒、香菜均切段；洗净的花菜切小朵。

2 锅中注水烧开，加入盐、食用油、花菜，焯煮1分钟后捞出。

3 用油起锅，爆香蒜末、干辣椒、葱段，再放入红椒、花菜，翻炒匀。

4 加入料酒、生抽、鸡粉、盐、辣椒酱，炒至食材熟透，再倒入适量水淀粉，炒入味后盛入铁板中，最后撒上香菜即可。

豆瓣茄子

烹饪时间：3分钟
适用人数：2人

| 原料 | 茄子300克，红椒40克

| 调料 | 盐、鸡粉各2克，生抽、水淀粉各5毫升，豆瓣酱15克，姜末、葱花各少许，食用油适量

做法 ↘

1 洗净、去皮的茄子切条，洗净的红椒切粒。

2 热锅中注油烧热，放入茄子，炸黄后捞出，沥干。

3 锅底留油，放入姜末、红椒，炒香，再倒入豆瓣酱、茄子、清水，炒匀。

4 放入盐、鸡粉、生抽，炒匀，再加入水淀粉勾芡，最后装入碗中撒上葱花即可。

糖醋花菜

烹饪时间：4分钟
适用人数：2人

| 原料 |

花菜350克，红椒35克

| 调料 |

番茄汁25克，盐3克，白糖4克，料酒4毫升，蒜末、葱段各少许，水淀粉、食用油各适量

做法 ↓

1 洗净的花菜切块，洗净的红椒去籽后切块。

2 锅中注水烧开，加入盐、花菜，焯煮1分钟左右，倒入红椒块，再焯煮约半分钟后捞出。

3 用油起锅，放入蒜末、葱段，爆香，再倒入焯煮过的食材、料酒，炒香。

4 注入清水，放入番茄汁、白糖，搅拌匀，再加入盐，炒匀，最后倒入少许水淀粉勾芡即成。

蒜香手撕蒸茄子

烹饪时间：13分钟

适用人数：2人

|原料|

茄子260克

|调料|

蒜末、干辣椒各5克，蒸鱼豉油10毫升，食用
油适量

 小贴士 蒸茄子的时候整条放
入，这样蒸好的茄子不
容易变色。

做法 ↘

1 备好电蒸锅，注水烧开后放入洗净的茄子。

2 盖上盖，蒸约10分钟，至食材熟透。

3 断电后揭盖，取出蒸熟的茄子。

4 放凉后撕成茄条。

5 锅中注入适量的食用油，大火烧热。

6 撒上蒜末、干辣椒，爆香。

7 淋上蒸鱼豉油，拌匀，调成味汁。

8 关火后盛出，浇在茄条上即成。

酱焖茄子

烹饪时间：3分钟
适用人数：2人

| 原 料 |

茄子180克，红椒15克

| 调 料 |

盐、鸡粉各2克，白糖4克，蚝油15克，水淀粉5毫升，黄豆酱40克，姜末、蒜末、葱花各少许，食用油适量

做 法 ↘

1 洗净的茄子切条，再切上花刀；洗净的红椒去籽后切块。

2 热锅中注油烧热，放入茄子，炸黄后捞出。

3 锅底留油，放入姜末、蒜末、红椒，爆香，再加入黄豆酱、清水、茄子，翻炒片刻。

4 加入蚝油、鸡粉、盐，炒匀，再放入白糖，炒匀，最后用水淀粉勾芡，盛出后撒上葱花即可。

酱香西葫芦

烹饪时间：4分钟
适用人数：3人

| 原料 |

西葫芦500克

| 调料 |

盐、鸡粉各1克，水淀粉5毫升，豆瓣酱30克，姜片、葱段各少许，食用油适量

做法 ↘

1 西葫芦切去柄后斜刀切段，再切菱形片。

2 热锅中注油，倒入姜片、葱段，爆香，再放入豆瓣酱，炒香。

3 倒入切好的西葫芦，翻炒均匀，再加入盐、鸡粉，翻炒2分钟至熟软入味。

4 用水淀粉勾芡，炒匀至收汁即可。

川味酸辣黄瓜条

烹饪时间：2分钟
适用人数：2人

|原料|

黄瓜150克，红椒40克，泡椒15克

|调料|

花椒、白糖各3克，辣椒油3毫升，盐2克，白醋4毫升，姜片、蒜末、葱段各少许，食用油适量

做法 ↘

1 洗净的黄瓜切条，洗净的红椒切丝，泡椒对半切开。

2 锅中注水烧开，加入食用油、黄瓜条，焯煮约1分钟后捞出，沥干。

3 用油起锅，倒入姜片、蒜末、葱段、花椒，爆香，再倒入红椒丝、泡椒，炒匀。

4 放入黄瓜条后加入白糖、辣椒油、盐，炒匀，最后淋入白醋，炒入味即可。

酱汁黄瓜卷

烹饪时间：12分钟
适用人数：2人

| 原料 |

黄瓜200克，红椒40克

| 调料 |

盐、白糖各3克，豆瓣酱10克，鸡粉2克，水淀粉4毫升，辣椒油、生抽各5毫升，蒜末少许

做法 ↘

1 洗净的红椒去籽后切粒，洗净的黄瓜修齐后切薄片。

2 黄瓜片装入盘中，撒上少许盐，腌渍10分钟后依次卷成卷，用牙签固定。

3 热锅中注油烧热，倒入蒜末、红椒粒、豆瓣酱，炒香，再淋入生抽，注入少许清水，搅拌匀。

4 加入鸡粉、白糖、水淀粉、辣椒油，拌匀制成芡汁，浇在黄瓜卷上即可。

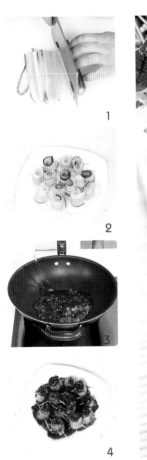

金针菇拌黄瓜

| 原料 | 金针菇110克，黄瓜90克，胡萝卜40克

| 调料 | 盐3克，食用油2毫升，陈醋3毫升，生抽5毫升，蒜末、葱花各少许，鸡粉、辣椒油、芝麻油各适量

做法 ↘

1 洗净的黄瓜切丝，洗净、去皮的胡萝卜切丝，洗净的金针菇切去根部。

2 锅中注水烧开，放入食用油、盐、胡萝卜焯煮半分钟后放金针菇，再焯煮1分钟后捞出。

3 将黄瓜丝倒入碗，放入盐、金针菇、胡萝卜、蒜末、葱花。

4 加入鸡粉、陈醋、生抽、辣椒油、芝麻油，拌匀即可。

烹饪时间：3分钟
适用人数：2人

丝瓜焖黄豆

| 原料 | 丝瓜180克，水发黄豆100克

| 调料 | 生抽4毫升，鸡粉2克，豆瓣酱7克，水淀粉2毫升，姜片、蒜末、葱段各少许，盐、食用油各适量

做法 ↘

1 洗净、去皮的丝瓜切块。

2 锅中注水烧开，加入盐、黄豆，焯煮至沸腾后捞出。

3 用油起锅，放入姜片、蒜末、爆香，再倒入黄豆、清水、生抽、盐、鸡粉，焖15分钟。

4 倒入丝瓜，焖5分钟后放入葱段、豆瓣酱，炒匀，焖煮片刻，最后用水淀粉勾芡即可。

烹饪时间：22分钟
适用人数：2人

蒜香豆豉蒸秋葵

烹饪时间：21分钟
适用人数：2人

|原料|
秋葵250克

|调料|
豆豉20克，蒜泥少许，蒸鱼豉油、
橄榄油各适量

做法 ↘

1 洗净的秋葵斜刀切段，摆放在盘中。

2 热锅中加橄榄油烧热，爆香蒜泥、豆豉，再将
炒好的蒜油浇在秋葵上。

3 蒸锅上火烧开，放入秋葵，大火蒸20分钟至熟
透后取出。

4 给秋葵淋上适量的蒸鱼豉油即可。

1 2 3 4

酱焖四季豆

烹饪时间: 6分钟
适用人数: 2人

| 原料 |

四季豆350克

| 调料 |

蒜末10克,黄豆酱15克,辣椒酱5克,葱段少许,盐、食用油各适量

做法 ↘

1 锅中注水烧开,放入盐、食用油,再倒入四季豆,焯煮至断生后捞出,沥干。

2 热锅中注油烧热,倒入辣椒酱、黄豆酱,爆香,再倒入清水、四季豆,翻炒匀。

3 加入少许盐,炒匀,小火焖5分钟至熟透。

4 倒入葱段,翻炒一会儿后装入盘中,最后放上蒜末即可。

酱爆素三丁

烹饪时间: 2分钟
适用人数: 2人

| 原料 | 青豆180克，杏鲍菇90克，胡萝卜100克

| 调料 | 盐、白糖、鸡粉各2克，甜面酱15克，葱段、姜片各少许，水淀粉、食用油各适量

做法 ↘

1 洗净、去皮的胡萝卜切丁，杏鲍菇切丁。

2 锅中注水烧开，倒入杏鲍菇、胡萝卜，焯煮约半分钟后加入青豆，焯煮至断生后捞出。

3 用油起锅，放入姜片，葱段，爆香，再倒入焯煮过的材料，炒片刻。

4 放入甜面酱、盐、白糖、鸡粉、清水，炒匀，最后用水淀粉勾芡即可。

鱼香金针菇

烹饪时间: 2分钟
适用人数: 2人

| 原料 | 金针菇120克，胡萝卜150克，红椒、青椒各30克

| 调料 | 盐、鸡粉各2克，豆瓣酱15克，白糖3克，陈醋10毫升，姜片、蒜末、葱段各少许，食用油适量

做法 ↘

1 洗净、去皮的胡萝卜切丝，洗净的青椒、红椒均切丝，洗净的金针菇切去老茎。

2 用油起锅，放入姜片、蒜末、葱段、胡萝卜丝，翻炒匀。

3 放入金针菇、青椒、红椒，炒匀，再放入豆瓣酱、盐、鸡粉、白糖，炒匀调味。

4 淋入少许陈醋，炒至入味后装盘即可。

湘味金针菇

烹饪时间：13分钟
适用人数：1人

|原料|

金针菇200克，剁椒10克

|调料|

盐2克，水淀粉10毫升

做法 ↘

1 取一蒸盘，放入洗净的金针菇，铺开。

2 备好电蒸锅，放入蒸盘，盖上盖，蒸约10分钟，断电后揭盖，取出蒸盘。

3 用油起锅，烧热，放入剁椒、盐、水淀粉，拌匀，调成味汁。

4 关火后盛出，浇在蒸熟的金针菇上即成。

小土豆焖香菇

烹饪时间：12分钟
适用人数：2人

|原料|

土豆70克，水发香菇60克

|调料|

盐、鸡粉各2克，豆瓣酱6克，生抽
4毫升，干辣椒、姜片、蒜末、葱段
各少许，水淀粉、食用油各适量

做法 ↳

1 洗净的香菇切块；洗净去皮的土豆切丁；香菇、土豆入油锅，炸半分钟后捞出，沥干。

2 锅底留油烧热，倒入干辣椒、姜片、蒜末，爆香，再放入香菇块、土豆丁。

3 加入适量豆瓣酱、生抽、鸡粉、盐，炒匀，再注入清水，焖煮约10分钟。

4 用少许水淀粉勾芡后装盘，最后撒上葱段即成。

红烧白灵菇

烹饪时间：5分钟

适用人数：2人

|原料|

白灵菇230克，黄瓜90克，胡萝卜30克

|调料|

盐、鸡粉各2克，白糖3克，料酒5毫升，生抽2毫升，姜片、蒜末、葱段各少许，水淀粉、食用油各适量

小贴士 白灵菇比较"脆弱"，放进冰箱保鲜两天就有变质的迹象，建议吃多少买多少。

做法 ↘

1 洗净的白灵菇切厚片，洗净的黄瓜切片，洗净的胡萝卜切片。

2 热锅中注油，烧至五成热后倒入白灵菇片，炸2分钟。

3 捞出炸好的白灵菇片，沥干装盘。

4 锅底留油，倒入姜片、蒜末、爆香。

5 放入黄瓜片、胡萝卜片、白灵菇片，炒匀。

6 加入料酒、生抽，炒匀。

7 注入适量清水，加入盐、白糖、鸡粉，炒匀。

8 加入水淀粉，炒匀，最后倒入葱段，翻炒约2分钟至熟即可。

野山椒杏鲍菇

烹饪时间：4个小时左右

适用人数：六人

| 原料 |

杏鲍菇120克，野山椒30克，尖椒2个

| 调料 |

盐、白糖各2克，鸡粉3克，葱丝少许，陈醋、
食用油、料酒各适量

小贴士 挑选杏鲍菇时，以菌肉
肥厚、质地脆嫩，特
别是菌柄组织致密、结
实、乳白者为佳。

米饭杀手，整个重口味素菜

做法 ↘

1 洗净的杏鲍菇切片。

2 洗净的尖椒切小圈，野山椒剁碎。

3 锅中注入适量清水烧开，倒入杏鲍菇，再淋入料酒，焯煮片刻。

4 将焯煮过的杏鲍菇盛出，放入凉水中冷却。

5 倒出清水，加入野山椒、尖椒、葱丝。

6 加入盐、鸡粉、陈醋、白糖、食用油，用筷子搅拌均匀。

7 用保鲜膜密封好，放入冰箱冷藏4个小时。

8 从冰箱中取出冷藏好的杏鲍菇，撕去保鲜膜后倒入盘中，放上少许葱丝即可。

青椒酱炒杏鲍菇

| 原料 | 杏鲍菇300克，青椒30克

| 调料 | 盐、鸡粉各1克，水淀粉5毫升，干辣椒10克，蒜末、葱段各少许，食用油、豆瓣酱各适量

做法 ↘

1 洗净的青椒切块，洗净的杏鲍菇切菱形片。

2 沸水锅中倒入杏鲍菇，焯煮至断生后捞出。

3 另起锅注油，倒入蒜末、干辣椒，爆香，再倒入豆瓣酱、杏鲍菇、青椒，炒2分钟。

4 注入少许清水，加入盐、鸡粉，炒匀，再用水淀粉勾芡，最后倒入葱段，炒均匀即可。

烹饪时间：4分钟
适用人数：2人

香卤猴头菇

| 原料 | 水发猴头菇100克

| 调料 | 八角、桂皮、枸杞各10克，生抽5毫升，盐、鸡粉各2克，白糖3克，料酒8毫升，鸡汁10毫升，水淀粉6毫升，姜片少许，老抽、食用油各适量

做法 ↘

1 洗净的猴头菇切片。

2 用油起锅，放入姜片、八角、桂皮，炒香，加入清水、生抽、盐、鸡粉、白糖、料酒、鸡汁、老抽，拌匀煮沸。

3 放入切好的猴头菇，用小火卤20分钟，再用大火收汁，最后淋入适量水淀粉，快速翻炒均匀即可。

烹饪时间：23分钟
适用人数：1人

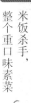

红油拌秀珍菇

烹饪时间：4分钟
适用人数：2人

|原料|

秀珍菇300克

|调料|

盐、鸡粉、白糖各2克，生抽、陈醋、辣椒油各5毫升，葱花、蒜末各少许

做法 ↘

1 锅中注水烧开，倒入秀珍菇，焯煮片刻。

2 关火后捞出焯煮好的秀珍菇，沥干，装入盘。

3 取一碗，倒入秀珍菇、蒜末、葱花，再加入盐、鸡粉、白糖。

4 倒入生抽、陈醋、辣椒油，搅拌均匀，装入盘中即可。

2

3

4

腐乳凉拌鱼腥草

烹饪时间：2分钟
适用人数：1人

| 原料 |

巴旦木仁20克，鱼腥草50克，腐乳8克

| 调料 |

白糖2克，芝麻油、陈醋各5毫升，红油、香菜叶各适量

做法 ↘

1 用勺子将腐乳碾碎，加入红油，拌匀。

2 取一碗，放入洗净的鱼腥草、拌好的腐乳，再放入陈醋、白糖、芝麻油、红油，搅拌均匀。

3 加入少许巴旦木仁，拌匀。

4 取一盘，将拌好的食材装入盘中，放上剩余的巴旦木仁，最后撒上香菜叶即可。

1

2

3

4

双椒蒸豆腐

烹饪时间：13分钟
适用人数：2人

| 原料 |

豆腐300克，剁椒、小米椒各15克

| 调料 |

葱花3克，蒸鱼豉油10毫升

做法 ↘

1 洗净的豆腐切片。

2 取一蒸盘，将豆腐片摆好，撒上剁椒和小米椒，封上保鲜膜。

3 备好电蒸锅，烧开水后放入蒸盘，蒸约10分钟至熟透。

4 取出蒸盘，去除保鲜膜，趁热淋上蒸鱼豉油，撒上葱花即可。

1

2

3

4

山楂豆腐

| 原料 | 豆腐350克，山楂糕95克

| 调料 | 盐、鸡粉各2克，老抽2毫升，生抽3毫升，陈醋6毫升，白糖3克，姜末、蒜末、葱花各少许，水淀粉、食用油各适量

做法 ↘

1 山楂糕切块，洗净的豆腐切块。

2 热锅中注油烧热，放入豆腐，炸1分钟左右，再放入山楂糕，炸干水分后捞出。

3 锅底留油烧热，爆香姜末、蒜末，再注入清水，加生抽、鸡粉、盐、陈醋、白糖炒匀。

4 倒入炸好的食材、老抽，炒匀，再倒入水淀粉勾芡，最后装盘撒上葱花即可。

烹饪时间：4分钟
适用人数：3人

宫保豆腐

| 原料 | 豆腐300克，黄瓜、红椒、酸笋、胡萝卜、花生米各少许

| 调料 | 盐4克，鸡粉2克，豆瓣酱15克，姜片、蒜末、葱段、干辣椒各少许，生抽、辣椒油、陈醋、水淀粉、食用油各适量

做法 ↘

1 洗净的黄瓜、去皮的胡萝卜、酸笋、红椒均切丁，洗净的豆腐切块。

2 锅中注水烧开，放入盐、豆腐块，焯煮1分钟后捞出；再分别放入酸笋、胡萝卜、花生米，煮熟后捞出；花生米入油锅炸熟后捞出。

3 锅底留油，爆香干辣椒、姜片、蒜末、葱段，再加红椒、黄瓜、酸笋、胡萝卜，炒匀。

4 放入豆腐、豆瓣酱、生抽、鸡粉、盐、辣椒油、陈醋炒匀，最后加花生米、水淀粉炒入味即可。

烹饪时间：3分钟
适用人数：3人

松仁豆腐

烹饪时间：4分钟

适用人数：3人

|原料|

松仁15克，豆腐200克，彩椒35克，干贝12克

|调料|

盐2克，料酒、生抽、老抽各2毫升，水淀粉3毫升，葱花、姜末各少许，食用油适量

做法 ↘

1 洗净的彩椒切片，洗净的豆腐切块。

2 热锅中注油，放入松仁，炸香后捞出；再放入豆腐块，炸1分钟后捞出。

3 锅底留油，爆香姜末，再放入干贝、料酒、彩椒，略炒。

4 加清水、盐、生抽、老抽、豆腐块煮2分钟，倒入水淀粉勾芡后盛出，最后撒上松仁、葱花即可。

腊八豆蒸豆干

|原料|

豆干200克，腊八豆20克，剁椒10克

|调料|

蒜蓉5克，葱花、盐各2克

小贴士

豆干放上调料后可以拌匀后腌片刻，这样会更入味。

做法 ↘

1 洗净的豆干切小段。

2 取空碗，倒入腊八豆。

3 加入剁椒，倒入蒜蓉。

4 放入盐，搅拌均匀成调料。

5 将调料均匀倒在切好的豆干上。

6 备好注水烧开的电蒸锅，放入食材。

7 加盖，调好时间旋钮，蒸10分钟至熟。

8 揭盖，取出蒸好的豆干，撒上葱花即可。

辣炒香干

烹饪时间：2分钟
适用人数：2人

| 原料 | 香干300克，青椒、红椒各35克

| 调料 | 盐、鸡粉各2克，料酒5毫升，豆瓣酱10克，辣椒酱7克，水淀粉、生抽各4毫升，姜片、蒜末、葱段各少许，食用油适量

做法 ↘

1 洗净的香干切薄片，洗净的青椒、红椒均切小块。

2 锅中注油烧热，倒入香干，炸约半分钟后捞出，沥干。

3 锅底留油，爆香姜片、葱段、蒜末，再放入青椒、红椒、香干，淋入料酒、生抽。

4 放入豆瓣酱、盐、鸡粉、辣椒酱，炒匀，再加入水淀粉，炒入味即可。

酱烧豆皮

烹饪时间：15分钟
适用人数：2人

| 原料 | 豆皮120克，黄豆酱20克

| 调料 | 鸡粉1克，生抽5毫升，葱花少许，食用油适量

做法 ↘

1 洗净的豆皮切小块。

2 热锅中注油，烧至五成热，倒入切好的豆皮，炸约2分钟至微黄后捞出。

3 锅底留油，倒入黄豆酱、生抽，再注入少许清水，放入炸好的豆皮，加盖，用大火焖10分钟至熟软。

4 揭盖，加入鸡粉，拌匀至入味，最后倒入葱花，拌匀，关火后盛出菜肴，装盘即可。

豉汁蒸腐竹

烹饪时间：21分钟
适用人数：2人

| 原料 |

水发腐竹300克，豆豉20克，红椒30克

| 调料 |

生抽5毫升，葱花、姜末、蒜末、盐、鸡粉各少许，食用油适量

做法 ↘

1 洗净的红椒去籽后切粒，泡发好的腐竹切长段。

2 热锅中注油烧热，放入姜末、蒜末、豆豉，爆香，再倒入红椒粒、生抽、鸡粉、盐，炒匀后浇在腐竹上。

3 蒸锅上火烧开，放入腐竹，大火蒸20分钟。

4 取出，撒上葱花即可。

1　　　2　　　3　　　4

红油腐竹 / 烹饪时间：7分钟
适用人数：3人

| 原料 |

腐竹段80克，青椒45克，胡萝卜40克

| 调料 |

盐、鸡粉各2克，生抽4毫升，辣椒油6毫升，豆瓣酱7克，姜片、蒜末、葱段各少许，水淀粉、食用油各适量

做法 ↘

1 洗净的胡萝卜切片，洗净的青椒去籽后切块。

2 锅中注水烧开，加入食用油、胡萝卜、青椒，煮熟捞出；锅中注油烧热，将腐竹段炸半分钟后捞出。

3 锅底留油烧热，爆香姜片、蒜末、葱段，再放入腐竹段、焯过水的材料炒匀，注入清水。

4 加入生抽、辣椒油、豆瓣酱、盐、鸡粉，拌匀，焖约5分钟，最后倒入水淀粉勾芡即可。

第五章

来一桌素食宴，与亲朋好友幸福相约

电影《查理和巧克力工厂》中有这样的对话，"你沮丧时，怎样才能让心情变好？""和家人在一起。"晚餐时间到了，周末到了，节日到了，和家人相聚，来一桌美味营养的素食宴，体验一种全新的健康生活吧！

翠玉烩珍珠

烹饪时间：5分钟

适用人数：2人

| 原料 |

荷兰豆80克，水发珍珠木耳100克，枸杞20克，山药130克

| 调料 |

盐、鸡粉各2克，白糖3克，水淀粉、食用油各适量

做法 ↘

1 洗净、去皮的山药切厚片。

2 山药片切条。

3 锅中注入适量清水烧开，倒入山药条、荷兰豆、珍珠木耳，焯煮片刻。

4 关火后盛出焯煮过的食材，沥干后装入盘中。

5 用油起锅，放入山药条、荷兰豆、珍珠木耳、枸杞，炒匀。

6 加入盐、鸡粉、白糖、水淀粉。

7 翻炒约3分钟至熟。

8 关火后盛出炒好的菜肴，装盘即可。

五宝蔬菜

烹饪时间: 2分钟
适用人数: 2人

| 原料 | 上海青170克,草菇50克,水发木耳100克,口蘑45克,胡萝卜75克

| 调料 | 盐3克,鸡粉2克,胡椒粉、水淀粉、食用油各适量

做法 ↘

1 洗净的上海青去根,洗净的口蘑切片,洗净的草菇切片,洗净的胡萝卜去皮后切薄片。

2 沸水锅中加入盐、食用油、上海青,焯熟后捞出;草菇、口蘑、胡萝卜、木耳入沸水锅中,焯煮至断生后捞出。

3 锅中注水烧热,放入草菇、口蘑、胡萝卜和木耳,加盐、鸡粉、胡椒粉、水淀粉炒匀。

4 取一盘子,放入焯熟的上海青,摆放整齐,盛入锅中的菜肴即成。

爆素鳝丝

烹饪时间: 5分钟
适用人数: 1人

| 原料 | 水发香菇165克

| 调料 | 盐、鸡粉各2克,生抽4毫升,陈醋6毫升,蒜末少许,生粉、水淀粉、食用油各适量

做法 ↘

1 洗净的香菇剪开,呈长条,修成鳝鱼状,加入盐、水淀粉、生粉,制成素鳝丝生坯。

2 热锅中注油烧热,放入生坯,用中小火炸约2分钟,至食材熟透后捞出。

3 用油起锅,放入蒜末,爆香,再注入适量清水,加入少许盐、鸡粉、生抽。

4 淋上陈醋拌匀,用水淀粉勾芡,调成味汁;炸熟的素鳝丝装盘,浇上味汁即成。

鲜菇烩湘莲

烹饪时间：2分钟
适用人数：2人

| 原料 |

草菇100克，西蓝花、水发莲子各
150克，胡萝卜50克

| 调料 |

料酒13毫升，盐、鸡粉各4克，生抽
4毫升，蚝油10克，水淀粉5毫升，
姜片、葱段各少许，食用油适量

做法 ↘

1 洗净的西蓝花切块，洗净的草菇去根后切十字
花刀，洗净、去皮的胡萝卜切片。

2 锅中注水烧开，倒油、盐、鸡粉、料酒、草菇、
莲子，焯煮1分钟后捞出；再放入西蓝花，焯煮片
刻后捞出。

3 另起油锅，爆香姜片、葱段，加胡萝卜片炒匀。

4 倒入草菇、莲子，炒匀，调入料酒、生抽、
盐、鸡粉、水、蚝油、水淀粉，炒匀盛出，放在
西蓝花上即可。

金瓜杂菌盅

烹饪时间: 43分钟
适用人数: 3人

| 原料 | 金瓜650克，鸡腿菇65克，水发香菇95克，草菇20克，青椒15克，彩椒10克

| 调料 | 盐、鸡粉各2克，白糖3克，食用油适量

做法 ↘

1 洗净的香菇、彩椒、鸡腿菇均切小块；洗净的草菇切瓣；洗净的青椒切菱形块；洗净的金瓜切去顶部后掏空瓜瓤，制成金瓜盅。

2 锅中注水烧开，倒入草菇、鸡腿菇，焯煮至断生后捞出；用油起锅，倒入香菇，炒匀。

3 倒入彩椒、青椒、焯过水的食材炒匀，注水略煮，再加盐、鸡粉、白糖炒匀，装入金瓜。

4 蒸锅注水上火烧开，放入金瓜盅，盖上盖，用中火蒸约40分钟至熟透，取出即可。

红烧双菇

烹饪时间: 3分钟
适用人数: 1人

| 原料 | 鸡腿菇65克，水发香菇45克，上海青70克

| 调料 | 盐、鸡粉各2克，老抽2毫升，料酒、生抽各3毫升，姜片、蒜末、葱段各少许，芝麻油、水淀粉、食用油各适量

做法 ↘

1 洗净的鸡腿菇切片，洗净的香菇用斜刀切段，洗净的上海青切小瓣。

2 沸水锅中加盐、鸡粉，淋入油，倒入上海青煮熟后捞出；再倒鸡腿菇、香菇焯煮后捞出。

3 另起油锅，爆香姜片、蒜末、葱段，再放入鸡腿菇、香菇、料酒、老抽、生抽，炒匀。

4 注水，加盐、鸡粉、水淀粉、芝麻油炒匀入味；上海青摆盘，盛入锅中食材即可。

草菇西蓝花

烹饪时间：2分钟
适用人数：1人

| 原 料 |

草菇90克，西蓝花200克，胡萝卜片适量

| 调 料 |

料酒8毫升，蚝油8克，盐、鸡粉各2克，姜末、蒜末、葱段各少许，水淀粉、食用油各适量

做法 ↘

1 洗净的草菇切小块，洗净的西蓝花切小朵。

2 锅中注水烧开，加入食用油后倒入西蓝花，焯煮至断生后捞出；草菇入沸水锅中焯煮半分钟，捞出。

3 另起油锅，爆香胡萝卜片、姜末、蒜末、葱段，再倒入草菇炒匀，淋入料酒，翻炒片刻。

4 加入蚝油、盐、鸡粉、清水、水淀粉炒匀；西蓝花摆盘，盛入炒好的草菇即可。

双菇争艳

烹饪时间：3分钟
适用人数：1人

| 原料 |

杏鲍菇30克，鲜香菇25克，去皮胡萝卜80克，黄瓜70克

| 调料 |

盐2克，水淀粉5毫升，蒜末、姜片、食用油各少许

做法 ↘

1 洗净的黄瓜斜刀切段后切薄片，洗净的胡萝卜斜刀切段后切薄片。

2 洗净的香菇去蒂后切片，洗净的杏鲍菇切薄片。

3 锅中注水烧开，倒入杏鲍菇、胡萝卜、香菇，拌匀，焯煮至断生后捞出。

4 另起油锅，爆香姜片、蒜末，倒入焯煮过的食材、黄瓜炒至熟，最后加盐、水淀粉炒入味，盛出即可。

龙须四素

烹饪时间：4分钟
适用人数：1人

| 原料 |

上海青100克，鲜香菇55克，南瓜
藤、西红柿各80克，腐竹50克

| 调料 |

盐4克，鸡粉2克，蚝油10克，生抽
8毫升，水淀粉10毫升，食用油适量

做法 ↘

1 洗净的南瓜藤切段，洗净的上海青切瓣，洗净
的西红柿切块，洗净的香菇去蒂后切块。

2 锅中注水烧开，放入盐、香菇、食用油，焯煮
1分钟，放入腐竹、上海青、南瓜藤，焯煮片刻
后捞出。

3 西红柿摆在盘子周边，中间摆上煮好的食材。

4 锅中倒水，加入生抽、盐、鸡粉、蚝油，煮至
沸，再倒入水淀粉，炒匀，浇在食材上即可。

素佛跳墙

烹饪时间：55分钟

适用人数：2人

| 原料 |

玉米粒、笋片各35克,冬瓜55克,魔芋丝、金针菇各70克,豌豆25克,素鸡65克,胡萝卜40克,水发香菇45克,黄豆芽20克,芋头80克

| 调料 |

盐、鸡粉各3克,料酒3毫升,生抽6毫升,水淀粉、食用油各适量

小贴士　带皮的芋头装进小口袋里,用手抓住袋口,将袋子在地上摔几下,芋头皮就会自然脱落。

做法 ↘

1　洗净、去皮的胡萝卜和冬瓜分别切开,一半切薄片,另一半切丁;洗净的素鸡切片。

2　洗净、去皮的芋头,切小块,取部分洗净的香菇切丁;砂锅中注水烧热。

3　倒入洗净的黄豆芽和余下的香菇,烧开后用小火煮约30分钟至熟透后捞出。

4　砂锅中留汤汁加热,调入盐、鸡粉,盛出素菜汤;另起油锅,倒入芋头炸至断生后捞出。

5　芋头块装入蒸碗,放入煮熟的香菇,摆上冬瓜片、胡萝卜片,再码上素鸡片、笋片。

6　放入魔芋丝、金针菇,盛入素菜汤,入烧开的蒸锅中蒸约20分钟至熟透,取出蒸碗。

7　另起油锅,放入香菇丁、胡萝卜丁、冬瓜丁、豌豆、玉米粒、料酒炒香,再注入素菜汤。

8　大火煮沸,调入盐、鸡粉、生抽,用水淀粉勾芡,调成酱菜后盛出,放在蒸碗中即可。

清蒸白玉佛手

烹饪时间：4分钟
适用人数：2人

| 原料 |

豆腐180克，胡萝卜90克，马蹄80克，芹菜40克，大白菜叶数片，水发香菇35克

| 调料 |

盐、鸡粉各3克，生粉10克，芝麻油2毫升，姜末、水淀粉各少许

做法 ↘

1 洗净的芹菜切碎，洗净的马蹄剁末，洗净的胡萝卜切粒，洗净的豆腐压碎，洗净的香菇切粒，洗净的白菜梗削薄。

2 切好的材料装碗，加入姜末、盐、鸡粉、生粉、芝麻油，搅匀，制成馅料。

3 锅中注水烧开，放入白菜叶焯煮片刻后捞出，放上馅料制成白菜卷，入烧开的蒸锅中蒸至熟，取出。

4 锅中注水烧开，放入盐、鸡粉、拌匀，再用水淀粉勾芡，把芡汁淋在菜卷上即可。

罗汉斋

烹饪时间：3分钟
适用人数：2人

| 原料 |

荷兰豆140克，花菜100克，西红柿60克，黄豆芽、水发香菇各45克

| 调料 |

盐2克，鸡粉、白糖各少许，水淀粉、食用油各适量

做法 ↘

1 洗净的西红柿切小瓣。

2 锅中注水烧开，放入洗净的香菇、花菜、荷兰豆和西红柿，拌匀，焯煮至断生后捞出。

3 另起油锅，倒入洗净的黄豆芽，炒至软，放入焯煮过的食材，转小火，加入少许盐、白糖。

4 撒上适量鸡粉，炒匀调味，用水淀粉勾芡，至食材入味，最后盛出装在砂煲中即可。

手撕茄子

| 原料 | 茄子段120克

| 调料 | 盐、鸡粉各2克，生抽3毫升，陈醋8毫升，白糖、蒜末各少许，芝麻油适量

做法 ↘

1 蒸锅上火烧开，放入洗净的茄子段。

2 盖上盖，用中火蒸约30分钟，至食材熟透后揭盖，取出蒸好的茄子段。

3 茄子段放凉后撕成细条状，装在碗中，加入少许盐、白糖、鸡粉，淋上适量生抽。

4 注入少许陈醋、芝麻油，撒上备好的蒜末，搅拌至入味，装盘摆好即可。

烹饪时间：33分钟
适用人数：1人

葱香蒸茄子

| 原料 | 茄子250克，水发豌豆、火腿各100克，水发香菇90克

| 调料 | 盐、鸡粉各2克，料酒、生抽各4毫升，葱花、蒜末各少许，食用油适量

做法 ↘

1 洗净的茄子切段，火腿切丁，泡发好的香菇切丁。

2 取一碗，倒入火腿、香菇、水发豌豆、蒜末，拌匀，再加盐、鸡粉、料酒，拌匀调味。

3 取一盘，摆入茄条，倒入搅拌好的食材，入烧开的蒸锅中，大火蒸10分钟至熟后取出，撒上葱花。

4 热锅中注入食用油，烧至六成热，将热油、生抽浇在茄子上即可。

烹饪时间：11分钟
适用人数：2人

金桂飘香

烹饪时间：10分钟
适用人数：1人

|原 料|

西红柿110克，山药100克，上海青30克，桂花4克

|调 料|

蜂蜜25克，水淀粉、食用油各适量

做 法 ↘

1 洗净的上海青去叶，留菜梗修成花瓣状；洗净的西红柿焯煮熟后捞出；上海青加油焯煮熟后捞出。

2 洗净、去皮的山药切片；西红柿去皮剁末，蒸5分钟取出，过滤网，加蜂蜜、桂花制成西红柿汁。

3 山药放入盘，再入蒸锅蒸至熟透后取出。

4 西红柿汁入锅煮沸，淋入水淀粉，制成味汁；取来山药片，放上上海青，淋上味汁即成。

蒸冬瓜酿油豆腐

烹饪时间: 16分钟
适用人数: 2人

|原料| 冬瓜350克,油豆腐150克,胡萝卜60克,韭菜花40克

|调料| 芝麻油5毫升,水淀粉3毫升,盐、鸡粉、食用油各适量

做法 ↘

1 洗净的油豆腐对半切开,用手指将里面压实;洗净、去皮的冬瓜用挖球器挖取冬瓜球。

2 洗净、去皮的胡萝卜切粒;择洗净的韭菜花切小段,去掉花部分;将冬瓜放在油豆腐上,用中火蒸15分钟后取出。

3 另起油锅,倒入胡萝卜、韭菜花炒匀,注水后加入盐、鸡粉、水淀粉、芝麻油,搅匀,浇在冬瓜上即可。

糖醋菠萝藕丁

烹饪时间: 2分钟
适用人数: 1人

|原料| 莲藕100克,菠萝肉150克,豌豆30克,枸杞少许

|调料| 盐2克,白糖6克,番茄酱25克,蒜末、葱花各少许,食用油适量

做法 ↘

1 处理好的菠萝肉切丁,洗净、去皮的莲藕切丁。

2 锅中注水烧开,加入食用油后倒入藕丁,放入适量盐,搅匀,焯煮半分钟。

3 倒入洗净的豌豆,搅拌匀,加入菠萝丁,搅散,焯煮至断生后捞出,沥干。

4 另起油锅,爆香蒜末,加入焯煮过水的食材、白糖、番茄酱、枸杞、葱花,炒出葱香味,盛出即可。

糖醋藕片

烹饪时间：4分钟

适用人数：2人

|原 料|

莲藕350克

|调 料|

白糖20克，盐2克，白醋5毫升，番茄汁10毫升，水淀粉4毫升，葱花少许，食用油适量

做法 ↘

1 洗净、去皮的莲藕切片。

2 锅中注水烧开，倒入适量白醋，再放入藕片，焯煮2分钟至其八成熟，捞出。

3 用油起锅，注水，放入白糖、盐、白醋、番茄汁，拌匀，煮至白糖溶化。

4 倒入适量水淀粉勾芡，放入焯煮过的藕片，拌炒匀后盛出，装盘撒上葱花即可。

清炒地三鲜

烹饪时间：15分钟

适用人数：3人

| 原料 |

茄子200克，土豆150克，青椒60克

| 调料 |

白芝麻300克，盐、鸡粉、白糖各2克，生抽、
老抽各5毫升，姜片、蒜片各少许，水淀粉、
花生油、食用油、芝麻油各适量

 小贴士 做茄子时不宜用大火油
炸，降低烹调温度可减
少茄子吸油量。

做法 ↘

1 洗净、去皮的茄子切滚刀块，洗净、去皮的土豆切成菱形块。

2 洗净的青椒去籽后切块，榨油机通电预热5分钟。

3 摆放好电陶炉，放上黄金锅套装，注油，按"开关"键通电，功率调至1500W，开始
加热。

4 待油温烧至150℃，放入土豆块，将功率调至1000W，油炸片刻至金黄色。

5 倒入茄子，油炸约3分钟至金黄色，取出油炸网，将食材放在煎盘上，沥干。

6 摆好电陶炉，放上炒锅，通电后注入适量花生油烧热，再倒入姜片、蒜片，爆香。

7 放入青椒，炒匀，再倒入炸好的土豆块、茄子块，炒匀，加入生抽，注入适量清水。

8 加入盐、鸡粉、白糖、老抽，翻炒入味，倒入水淀粉，炒匀，淋入芝麻油，炒匀，盛
出即可。

拔丝红薯莲子

烹饪时间：3分钟

适用人数：1人

| 原料 |

红薯150克，水发莲子90克

| 调料 |

白糖35克

做法 ↘

1 洗净、去皮的红薯切丁，莲子去掉莲子芯。

2 热锅中注油烧至四五成热，放入红薯块，搅拌，炸约1分钟。

3 加入莲子，搅拌，再炸约半分钟，把过油后的食材捞出，沥干。

4 锅中注入适量清水，放入白糖，中火熬煮成色泽微黄的糖浆，再倒入红薯和莲子，炒匀后装盘，拔出丝即可。

红薯烧口蘑

烹饪时间：3分钟
适用人数：1人

| 原料 |

红薯160克，口蘑60克

| 调料 |

盐、鸡粉、白糖各2克，料酒5毫升，水淀粉、食用油各适量

做法 ↘

1 洗净、去皮的红薯切块，洗净的口蘑切小块。

2 锅中注水烧开，倒入口蘑、料酒，焯煮片刻后捞出。

3 用油起锅，倒入红薯，炒匀，再倒入口蘑，翻炒匀，注入适量清水，拌匀。

4 加入少许盐、鸡粉、白糖，炒至入味，最后倒入水淀粉，炒匀，盛出装盘即成。

蒸三丝

烹饪时间：16分钟

适用人数：2人

|原料|

白萝卜200克，胡萝卜190克，水发木耳100克

|调料|

盐、鸡粉各2克，水淀粉4毫升，生抽5毫升，
葱丝少许，食用油适量

小贴士 白萝卜应选择分量较重、掂在手里沉甸甸的，这样可避免买到空心萝卜。

做法 ↘

1 洗净、去皮的白萝卜切丝，洗净、去皮的胡萝卜切丝，泡发好的木耳切丝。

2 锅中注入适量的清水大火烧开。

3 倒入白萝卜丝，焯煮至断生后捞出，沥干。

4 倒入胡萝卜丝，搅匀焯煮片刻，将食材捞出沥干。

5 倒入木耳丝，焯煮片刻至断生后捞出，沥干。

6 取一碗，倒入白萝卜、胡萝卜、木耳，再加入盐、鸡粉、水淀粉，搅匀调味。

7 将食材倒入一个蒸盘中，再放入烧开的蒸锅中，大火蒸5分钟至入味。

8 取出三丝，放上备好的葱丝，再将热油、生抽浇在三丝上即可。

蚝油魔芋手卷

烹饪时间：0分钟

适用人数：一人

| 原料 |

魔芋手卷100克，青椒30克，红椒50克，香菇
10克，西葫芦90克

| 调料 |

盐2克，鸡粉3克，蚝油10克，生抽5毫升，姜
片、蒜末各少许，水淀粉、食用油各适量

第五章

来一桌素食宴，

与亲朋好友幸福相约

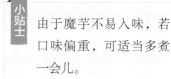

小贴士　由于魔芋不易入味，若口味偏重，可适当多煮一会儿。

做法 ↘

1 解开魔芋手卷的绳子，洗净的香菇切十字花形，洗净的青椒切丝，洗净的红椒切丝，洗净的西葫芦切片。

2 取一碗，倒入清水，放入魔芋手卷，清洗片刻后捞出，沥干。

3 锅中注入适量清水烧开，加入盐、食用油，拌匀。

4 放入西葫芦，焯煮片刻至断生，捞出装盘。

5 倒入香菇，焯煮片刻后捞出沥干。

6 用油起锅，放入姜片、香菇，炒匀，倒入蒜末，炒香。

7 放入魔芋手卷，加入蚝油、生抽，注水，加入盐、鸡粉拌匀，再倒入青椒、红椒炒匀。

8 倒入水淀粉，炒匀，焯煮约4分钟至食材熟透后盛出，装入摆放有西葫芦的盘中即可。

奶香口蘑烧花菜

|原料| 花菜、西蓝花各180克，口蘑100克，牛奶100毫升

|调料| 盐3克，鸡粉2克，料酒5毫升，水淀粉、食用油各适量

做法 ↘

1 洗净的花菜切小块，洗净的西蓝花切小朵，洗净的口蘑打上十字花刀。

2 锅中注水烧开，加入盐、口蘑，焯煮约1分钟后加入食用油、花菜、西蓝花，焯煮至断生后捞出。

3 另起油锅，倒入焯煮好的食材，淋入料酒，炒匀，注水，倒入牛奶，翻炒至熟透。

4 转小火，加入盐、鸡粉，翻炒至入味，大火收汁，最后倒入水淀粉勾芡，盛出装盘即成。

烹饪时间：4分钟
适用人数：1人

蒸香菇西蓝花

|原料| 香菇、西蓝花各100克

|调料| 盐、鸡粉各2克，蚝油5克，水淀粉10毫升，食用油适量

做法 ↘

1 洗净的香菇按十字花刀切块；取一盘子，将洗净的西蓝花沿圈摆盘。

2 备好已注水烧开的电蒸锅，放入食材，加盖，调好时间旋钮，蒸8分钟至熟。

3 揭盖，取出蒸好的西蓝花和香菇。

4 锅中注水烧开，加入盐、鸡粉、蚝油，拌匀，再用水淀粉勾芡，拌匀成汤汁，浇在西蓝花和香菇上即可食用。

烹饪时间：13分钟
适用人数：1人

荷塘三宝

烹饪时间：2分钟
适用人数：1人

| 原料 |

菱角肉140克，鲜莲子55克，藕带85克，彩椒12克

| 调料 |

盐2克，白糖少许，食用油适量

做法 ↘

1 洗净的藕带切小段，洗净的彩椒切丁，洗净的菱角肉切小块。

2 锅中注水烧开，倒入鲜莲子，焯煮约1分钟，去除杂质，再放入菱角肉，去除涩味，片刻后捞出。

3 用油起锅，炒香彩椒丁，再放入藕带，炒至变软，倒入焯过水的材料，炒匀。

4 转小火，加入少许盐、白糖，炒至熟透即可。

剁椒腐竹蒸娃娃菜

烹饪时间：12分钟

适用人数：2人

| 原料 |

娃娃菜300克，水发腐竹80克，剁椒40克

| 调料 |

白糖3克，生抽7毫升，蒜末、葱花各少许，食用油适量

 煮娃娃菜时，在锅里放点面包屑，再加点醋，可去除白菜的苦涩味并增加其鲜味。

做法 ↘

1 洗净的娃娃菜对半切开，切条状。

2 泡发、洗净的腐竹切段。

3 锅中注入适量的清水烧开，倒入娃娃菜，焯煮片刻至断生。

4 将娃娃菜捞出，沥干后码入盘内，再放上腐竹。

5 热锅中注油烧热，倒入蒜末、剁椒，翻炒爆香。

6 加入少许白糖，翻炒匀，浇在娃娃菜上。

7 蒸锅注水上火烧开，放入娃娃菜，盖上盖，大火蒸10分钟至入味。

8 揭开盖，取出娃娃菜，撒上葱花，淋入生抽即可。

椒麻四季豆

烹饪时间：5分钟
适用人数：1人

| 原料 | 四季豆200克，红椒15克

| 调料 | 盐3克，鸡粉2克，生抽3毫升，料酒5毫升，豆瓣酱6克，花椒、干辣椒、葱段、蒜末各少许，水淀粉、食用油各适量

做法 ↘

1 洗净的四季豆去除头尾后切小段，洗净的红椒去籽后切小块。

2 锅中注水烧开，加入少许盐、食用油，再倒入四季豆焯煮约3分钟，至其熟软后捞出。

3 另起油锅，爆香花椒、干辣椒、葱段、姜末，再放入红椒、四季豆，炒匀。

4 加入盐、料酒、鸡粉、生抽、豆瓣酱、水淀粉，炒至入味，盛出即可。

川香豆角

烹饪时间：10分钟
适用人数：2人

| 原料 | 豆角350克

| 调料 | 蒜末5克，干辣椒、鸡粉各3克，花椒8克，白芝麻10克，盐2克，蚝油、食用油各适量

做法 ↘

1 洗净的豆角切段。

2 用油起锅，倒入蒜末、花椒、干辣椒，爆香，再加入豆角，炒匀。

3 倒入少许清水，翻炒约5分钟至熟，再加入盐、蚝油、鸡粉，翻炒约3分钟至入味。

4 关火，将炒好的豆角盛出装入盘中，撒上白芝麻即可。

黑椒豆腐茄子煲

烹饪时间：25分钟
适用人数：2人

| 原料 |

茄子160克，日本豆腐200克，枸杞、罗勒叶各少许

| 调料 |

盐、黑胡椒粉各2克，鸡粉3克，生抽、老抽各3毫升，蒜片少许，水淀粉、蚝油、食用油各适量

做法 ↘

1 洗净的茄子切段，日本豆腐切块，将茄子油炸至黄后捞出。

2 用油起锅，爆香蒜片，再加入清水、盐、生抽、老抽、蚝油、鸡粉、黑胡椒粉，拌匀。

3 倒入茄子、日本豆腐，煮10分钟后加入水淀粉，炒匀盛出，放入砂锅中。

4 砂锅置火上，焖10分钟，放入罗勒叶、枸杞即可。

西北农家煎豆腐

烹饪时间：4分钟
适用人数：2人

| 原料 | 豆腐200克，菜心110克

| 调料 | 葱白30克，盐、鸡粉各1克，五香粉2克，生抽5毫升，辣椒粉30克，姜末少许，食用油适量

做法 ↘

1 洗净的豆腐切厚片，洗净的葱白横刀切小块，洗净的菜心切段。

2 用油起锅，放入豆腐片，煎约1分钟后翻面，再放入姜末、葱白，爆香。

3 加入辣椒粉、五香粉、生抽，注入适量清水，晃动炒锅至调料融合。

4 倒入菜心，加入盐、鸡粉，稍煮1分钟至入味即可。

姜汁芥蓝烧豆腐

烹饪时间：5分钟
适用人数：3人

| 原料 | 芥蓝300克，豆腐200克

| 调料 | 姜汁40毫升，盐、鸡粉各4克，生抽3毫升，老抽2毫升，蚝油8克，水淀粉8毫升，蒜末、葱花各少许，食用油适量

做法 ↘

1 洗净的芥蓝去多余的叶子，梗切段；洗净的豆腐切小块；锅中注水烧开，倒入姜汁、食用油、盐、鸡粉、芥蓝梗，焯煮至断生后捞出。

2 煎锅中注油烧热，加入少许盐后放入豆腐块煎香，翻面，煎至金黄色，取出装盘。

3 另起油锅，爆香蒜末，加水、盐、鸡粉、生抽、老抽、蚝油煮沸，再淋入水淀粉勾芡后盛出，浇在豆腐和芥蓝上，最后撒上葱花即成。

多彩豆腐

烹饪时间：8分钟
适用人数：3人

| 原 料 |

豆腐300克，莴笋120克，胡萝卜100克，玉米粒80克，鲜香菇50克

| 调 料 |

盐3克，蚝油6克，生抽7毫升，蒜末、葱花、鸡粉、水淀粉各少许，食用油各适量

做法 ↘

1 洗净、去皮的莴笋切小丁，洗净、去皮的胡萝卜切丁，洗净的香菇切丁，洗净的豆腐切长方块。

2 锅中注水烧开，加盐后放入胡萝卜丁、莴笋丁、玉米粒、香菇丁，焯煮至六成熟后捞出。

3 煎锅中注油，放豆腐块、盐，煎熟装盘；另起油锅，放蒜末、焯水的食材炒匀，再注水煮沸，加入生抽、盐。

4 放鸡粉、蚝油、水淀粉炒匀，淋入盘，最后撒上葱花即可。

素酿豆腐

烹饪时间：7分钟

适用人数：2人

| 原料 |

豆腐块145克，金针菇100克，马蹄肉120克，鲜香菇35克，榨菜25克，杏鲍菇65克，彩椒适量

| 调料 |

盐3克，鸡粉2克，生抽5毫升，姜末、葱花各少许，水淀粉、食用油各适量

做法 ↘

1 洗净的彩椒切丁，洗净的香菇切丁，洗净的杏鲍菇切丁，榨菜切碎。

2 洗净的马蹄肉切末，洗净的金针菇切段；取豆腐块，在中间部位挖出凹槽。

3 热锅中注油烧热，倒入部分杏鲍菇，炒匀后放入少许马蹄肉、榨菜碎，再倒入部分香菇丁。

4 放入金针菇炒匀，注水，煮至熟软，加盐、鸡粉、生抽、水淀粉拌匀，制成酱菜。

5 碗中倒入余下的杏鲍菇、香菇、金针菇、马蹄肉，撒上姜末，加盐、鸡粉、生抽、水淀粉。

6 倒入食用油、彩椒丁，拌匀，制成馅料；取豆腐块，盛入馅料，制成生坯。

7 煎锅中倒油烧热，放入生坯，轻轻移动生坯，煎香，翻转豆腐块，煎约4分钟。

8 关火后盛出煎好的食材，装入盘中，放上适量酱菜即成。

铁板豆腐

烹饪时间: 3分钟
适用人数: 2人

|原料|

豆腐220克，辣椒粉30克，洋葱60克

|调料|

葱花25克，红椒丁30克，鸡粉、孜
然粉各2克，生抽4毫升，蒜末少许，
盐、食用油各适量

做法 ↘

1 豆腐切块；洋葱切丝；用油起锅，放入豆腐
块，煎至黄色后撒上盐，煎入味后盛出。

2 铁盘铺锡纸，放入食用油、部分洋葱丝，煎片刻。

3 放上部分蒜末、辣椒粉、红椒丁、豆腐片，转
小火加热，再撒上剩余洋葱丝、红椒丁、蒜末。

4 放入辣椒粉、生抽、鸡粉、孜然粉，稍煎片刻
至入味，撒上葱花即可。

酱香素宝

烹饪时间：13分钟
适用人数：2人

| 原料 |
胡萝卜75克，香干120克，茭白45克，西芹40克

| 调料 |
盐2克，老抽2毫升，生抽4毫升，白芝麻少许，水淀粉、食用油各适量

做法 ↘

1 洗净、去皮的胡萝卜切丁，洗净的香干、茭白均切小块，洗净的西芹切菱形块。

2 另起油锅，倒入茭白，炒匀，放入胡萝卜，炒香，再倒入香干，炒匀，注水，拌匀。

3 淋入生抽、老抽，炒匀炒透，焖煮约10分钟至熟软，再倒入西芹炒至断生。

4 加入盐，炒至熟透，用水淀粉勾芡，最后撒上白芝麻，炒匀，盛出装盘即成。

豆腐皮素菜卷

烹饪时间：14分钟

适用人数：2人

| 原料 |

菠菜、香菇各50克，胡萝卜100克，豆腐皮90克，水发黄花菜35克

| 调料 |

蚝油10克，水淀粉15毫升，白糖、鸡粉各5克，蒜蓉15克，盐3克，食用油适量

 小贴士 挑选菠菜以菜梗红短、叶子伸张良好，且叶面宽、叶柄短的为好。

做法 ↘

1 洗净的菠菜切段，洗净的豆腐皮切四块，洗净的胡萝卜切丝，洗净的香菇切丝。

2 取一张豆腐皮，放上胡萝卜丝、菠菜、黄花菜、香菇丝。

3 卷起豆腐皮，剩余的豆腐皮按照相同步骤卷好。

4 将卷好的豆腐皮卷切成八段，装入盘中。

5 取电蒸锅，注入适量清水烧开，放上豆腐皮卷，盖上盖，将时间调至"10"。

6 揭盖，取出蒸好的豆腐皮卷。

7 用油起锅，放入蒜蓉，爆香，再注入适量清水，加入盐、鸡粉、白糖、蚝油，拌匀。

8 倒入水淀粉，拌匀，关火后盛出煮好的汁液，淋到蒸好的豆腐皮卷上即可。

白凤豆雪梨盅

|原料| 水发芸豆90克，雪梨200克

|调料| 白糖35克

做法 ↘

1 洗净的雪梨底部切平整，然后在顶部切开一个盖子。

2 挖掉果肉，制成雪梨盅，再放入洗净的芸豆和白糖。

3 盖上盅盖，把雪梨盅放入烧开的蒸锅，加盖，用中火蒸1个小时。

4 揭盖，把蒸好的雪梨盅取出即可。

烹饪时间：1个小时左右
适用人数：2人

红酒雪梨

|原料| 雪梨170克，柠檬片20克，葡萄酒600毫升

|调料| 白糖8克

做法 ↘

1 洗净、去皮的雪梨去核后切薄片。

2 取大碗，倒入葡萄酒，加入柠檬片、白糖，再倒入雪梨片，搅拌至白糖溶化。

3 将雪梨置于阴凉干燥处，腌渍约10个小时，至酒味浸入雪梨片中。

4 另取一盘子，盛入泡好的雪梨片，摆好盘即成。

烹饪时间：10个小时左右
适用人数：1人

橙汁雪梨

烹饪时间：40分钟
适用人数：1人

| 原 料 |

雪梨230克，橙子180克，橙汁150
毫升

| 调 料 |

白糖适量

做 法 ↘

1 洗净、去皮的雪梨去核后切片。

2 橙子切瓣，用小刀将皮和瓤分离至底部相连不
切断，将皮切开一片翻回来，做成兔耳状。

3 锅中注水烧开，倒入雪梨，搅拌片刻后捞出，
沥干，装入碗中，再倒入橙汁。

4 加白糖拌匀，浸泡40分钟；橙子摆盘边，雪梨
摆盘中，浇上碗中的橙汁即可。

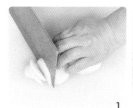

1　　　2　　　3　　　4

拔丝苹果

烹饪时间：9分钟
适用人数：2人

| 原料 |

苹果2个，高筋面粉90克，泡打粉60克

| 调料 |

熟白芝麻20克，白糖40克，食用油适量

做法 ↘

1 洗净、去皮的苹果去籽后切块；碗中倒入部分高筋面粉、泡打粉，注水拌匀，制成面糊。

2 苹果块中撒上剩余的高筋面粉，加面糊拌匀。

3 热锅中注油烧热，放入苹果块，油炸约3分钟至金黄色后捞出，沥干装盘。

4 锅底留油，加入白糖拌煮至溶化，再倒入苹果块，炒匀后盛出装盘，撒上熟白芝麻即可。

1 2 3 4

第六章

素主食&素小吃，最佳的暖心美味

主食、小吃在我们的印象中代表着朴实温馨，何不给它加入素食元素，让你在日常的柴米油盐中感受不一样的清新舒爽好滋味。

木瓜蔬果蒸饭

烹饪时间：47分钟

适用人数：3人

|原料|

木瓜700克，水发大米、水发黑米各70克，胡萝卜丁30克，葡萄干25克，青豆30克

|调料|

盐3克，食用油适量

木瓜的籽一定要处理干净，不然蒸出的饭会有苦味。

做法 ↘

1 洗净的木瓜切去一小部分，用刀平行雕刻成一个木瓜盖和盅，再挖去内籽及木瓜肉。

2 将木瓜肉切成小块。

3 木瓜盅里倒入黑米、大米、青豆、胡萝卜、木瓜、葡萄干。

4 加入食用油、盐。

5 注入适量清水，拌匀待用。

6 蒸锅中注入适量清水烧开，放入木瓜盅。

7 加盖，大火蒸45分钟至食材熟软。

8 揭盖，关火后取出木瓜盅，打开木瓜盖即可。

南瓜糙米饭

| 原料 | 南瓜丁140克，水发糙米180克

| 调料 | 盐少许

做法 ↘

1 取一蒸碗，倒入洗净的糙米、南瓜丁，搅散后注水，再加入少许盐，拌匀。

2 蒸锅上火烧开，放入蒸碗。

3 盖上盖，用大火蒸35分钟左右，至食材熟透。

4 关火后揭盖，待蒸汽散开，取出蒸碗，稍微冷却后即可。

烹饪时间：37分钟
适用人数：1人

胡萝卜丝蒸小米饭

| 原料 | 水发小米150克，胡萝卜100克

| 调料 | 生抽适量

做法 ↘

1 洗净、去皮的胡萝卜切丝；取一碗，加入洗净的小米，再倒入适量清水。

2 蒸锅中注入适量清水烧开，放上小米，加盖，中火蒸40分钟至熟。

3 揭盖，放上胡萝卜丝，加盖，续蒸20分钟至熟透。

4 揭盖，关火后取出蒸好的小米饭，加上少许生抽即可。

烹饪时间：1个小时左右
适用人数：1人

洋葱烤饭

烹饪时间：35分钟
适用人数：1人

| 原料 |

水发大米180克，洋葱70克

| 调料 |

蒜头30克，盐少许，食用油适量

做法 ↘

1 洗净的洋葱切小块，蒜头对半切开。

2 另起油锅，爆香蒜头，放入洋葱块，炒至变软，再倒入洗净的大米，炒匀后盛出，装在烤盘中。

3 加水搅匀，使米粒散开，再撒上盐，搅匀后推入预热的烤箱中，关好箱门。

4 调上、下火温度均为180℃，烤约30分钟至熟透，取出即可。

绿豆薏米炒饭

烹饪时间：33分钟
适用人数：2人

| 原料 |

水发绿豆70克，水发薏米75克，米饭170克，胡萝卜丁、芦笋丁各50克

| 调料 |

盐、鸡粉各1克，生抽5毫升，食用油适量

做法 ↘

1 沸水锅中倒入泡好的绿豆、薏米，大火煮开后转中火续煮30分钟至熟软后盛出。

2 用油起锅，倒入胡萝卜丁，炒匀，再放入芦笋丁，翻炒均匀。

3 放入绿豆和薏米，炒匀，再倒入米饭，压散，炒约1分钟至食材熟软。

4 加入生抽，翻炒均匀，再加入盐、鸡粉，炒匀调味，装碗即可。

土豆蒸饭

烹饪时间：30分钟
适用人数：2人

| 原料 |

土豆200克，水发大米250克，胡萝卜20克

| 调料 |

盐2克，葱花少许，生抽、食用油各适量

做法 ↘

1 洗净、去皮的土豆切丁；洗净的胡萝卜切丁；取一碗，倒入大米，注入适量清水。

2 蒸锅中注水烧开，放入米饭，蒸20分钟至熟。

3 用油起锅，倒入土豆、胡萝卜，再加入盐、生抽，翻炒入味后装盘。

4 将炒好的菜肴倒在米饭上，续蒸8分钟至熟透，取出米饭，撒上葱花即可。

香菇炒饭

|原料| 米饭220克，香菇70克，红椒丁40克

|调料| 生抽、料酒各5毫升，盐、鸡粉各2克，葱段、葱花各少许，食用油适量

做法 ↘

1 洗净的香菇去柄后切厚片。

2 热锅中注油烧热，爆香葱段，再倒入香菇，翻炒片刻至软。

3 淋入少许料酒后倒入米饭，翻炒松，再加入些许生抽，快速翻炒均匀。

4 加入盐、鸡粉，倒入红椒丁，翻炒片刻，最后倒入葱花，炒香，盛出装盘即可。

烹饪时间：3分钟
适用人数：2人

红薯杂粮粥

|原料| 水发大米、水发绿豆、燕麦各50克，红薯块70克，碎玉米30克

做法 ↘

1 电饭锅中倒入洗净的大米和绿豆。

2 放入红薯块、洗净的燕麦与玉米碎，注入适量清水，搅匀。

3 盖上盖，按功能键，调至"八宝粥"图标，煮约60分钟，至食材熟透。

4 按下"取消"键，断电后揭盖，盛出煮好的杂粮粥即可。

烹饪时间：1个小时左右
适用人数：1人

红薯燕麦粥

烹饪时间：42分钟
适用人数：1人

| 原料 |

水发大米80克，水发燕麦、红薯各
60克

| 调料 |

盐、鸡粉各2克，姜丝、葱花各少许

做法 ↘

1 洗净、去皮的红薯切小块。

2 砂锅中注水烧开，倒入大米、燕麦、红薯，拌匀。

3 烧开后用小火煮约40分钟至食材熟透。

4 放入盐、鸡粉、姜丝，拌匀，关火后盛出煮好
的粥，装入碗中，撒上葱花即可。

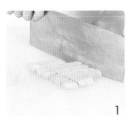

翠衣粥

烹饪时间：33分钟

适用人数：一人

| 原料 |

西瓜片100克，水发大米80克

| 调料 |

白糖适量，姜丝、葱花各少许

做法 ↘

1 处理好的西瓜片切条。

2 砂锅中注入适量的清水大火烧开。

3 倒入备好的大米，搅匀。

4 盖上锅盖，烧开后转小火煮约30分钟至米粒熟软。

5 掀开锅盖，放入姜丝、西瓜条，煮1分钟。

6 放入白糖，搅匀煮至熔化。

7 关火后将煮好的粥盛出装入碗中。

8 撒上葱花即可。

蔬菜玉米麦片粥

烹饪时间：35分钟
适用人数：2人

| 原料 |

水发大米、玉米粒各90克，燕麦片40克，娃娃菜、胡萝卜各100克

| 调料 |

盐、鸡粉各2克，姜丝、葱花各少许

做法 ↘

1 洗净的娃娃菜切条，洗净的胡萝卜切条。

2 砂锅中注水烧开，倒入备好的大米、玉米粒、燕麦片，烧开后用小火煮30分钟。

3 倒入切好的胡萝卜、娃娃菜，拌匀，再放入姜丝、盐、鸡粉，煮约2分钟至熟透。

4 放入葱花，拌匀，关火后盛出煮好的粥，装入碗中即可。

香菇笋粥

烹饪时间：42分钟
适用人数：1人

| 原料 |

鲜香菇50克，竹笋80克，水发大米100克

| 调料 |

盐、鸡粉各2克，姜丝、葱花各少许

做法 ↘

1 洗净的香菇切片，洗净的竹笋切段。

2 锅中注水烧开，倒入洗净的大米，搅匀，烧开后小火煮30分钟。

3 放入姜丝、竹笋、香菇，拌匀，用小火煮10分钟左右。

4 放盐、鸡粉，搅匀，再放葱花，拌匀后盛出粥，装在碗中即可。

1   2   3   4

什锦蝴蝶面

烹饪时间：2分钟

适用人数：2人

|原料|

蝴蝶面150克，南瓜95克，胡萝卜50克，青椒45克，玉米粒35克，黄油20克

|调料|

生抽5毫升，盐、鸡粉各2克，老抽2毫升

煮面的时候可以放点盐一起煮，这样煮好的面条不容易粘连，口感也会更好。

做法 ↘

1 洗净、去皮的南瓜切丁。

2 洗净、去皮的胡萝卜切丁。

3 洗净的青椒去籽后切块。

4 锅中注入适量的清水大火烧开。

5 倒入备好的蝴蝶面，搅匀煮至软，捞出，沥干。

6 热锅中放入黄油，煮至融化，再倒入胡萝卜、玉米粒、南瓜、青椒，炒匀。

7 淋入生抽，注入适量的清水，再倒入蝴蝶面，快速翻炒均匀。

8 加入盐、鸡粉、老抽，翻炒调味，盛出装盘即可。

西红柿素面

烹饪时间：4分钟
适用人数：2人

|原料|

素鸡90克，豆泡40克，西红柿、小白菜各80克，面条200克

|调料|

盐、鸡粉各2克，料酒3毫升，食用油适量

做法 ↘

1　洗净的小白菜切段，洗净的豆泡切小块，洗净的素鸡切条，洗净的西红柿切丁。

2　锅中注水烧开，放入面条焯煮至断生，加入素鸡、豆泡、小白菜，煮2分钟后捞出。

3　热锅中注油烧热，放入西红柿，炒软，再淋入料酒和适量的清水，搅匀煮沸。

4　倒入焯煮过的食材，快速搅拌匀，再放入盐、鸡粉，搅匀至入味，盛出装入碗中即可。

油菜素炒面

烹饪时间：2分钟
适用人数：2人

|原料|

熟面条300克，上海青80克

|调料|

蒜头25克，盐3克，生抽4毫升，葱花、鸡粉各少许，食用油适量

做法 ↘

1 洗净、去皮的蒜头切片，洗净的上海青切去根部后切长段。

2 用油起锅，爆香蒜片，再倒入上海青炒匀，然后倒入熟面条，炒匀，至菜叶变软。

3 淋上生抽，加入盐、鸡粉，炒匀调味。

4 放入葱花，大火快炒，至食材入味后盛出炒面，装盘即可。

豆腐素面

| 原料 | 小白菜70克，鲜香菇50克，豆泡45克，面条200克，豆浆300毫升

| 调料 | 盐、鸡粉各2克，食用油适量

做法 ↘

1 洗净的香菇切粗条，洗净的豆泡切小块，洗净的小白菜切段。

2 锅中注水烧开，放入面条煮软，淋入食用油，再倒入香菇、豆泡、小白菜，煮约2分钟后捞出，沥干装盘。

3 豆浆倒入锅中，放入盐、鸡粉，搅匀。

4 倒入焯煮过的食材，搅拌片刻后倒入少许食用油，搅匀煮沸，盛出装碗即可。

烹饪时间：4分钟
适用人数：2人

双色馒头

| 原料 | 低筋面粉1000克，酵母10克，熟南瓜200克

| 调料 | 白糖100克，食用油适量

做法 ↘

1 取500克面粉、5克酵母、50克白糖，倒水揉至面团纯滑，入保鲜袋包裹好，静置。

2 余下的面粉和酵母混合匀，加50克白糖、熟南瓜、清水，揉制成南瓜面团，入保鲜袋中包裹好，静置。

3 分别取白色面团、南瓜面团，擀平、擀匀；把南瓜面团叠在白色面团上，压紧，揉搓成面卷，再切成小剂子，即成馒头生坯。

4 蒸盘刷油，摆上馒头生坯，入蒸锅中静置1个小时，将水烧开，蒸10分钟，取出即可。

烹饪时间：74分钟
适用人数：3人

豆芽荞麦面

烹饪时间：6分钟
适用人数：1人

| 原料 |

荞麦面90克，绿豆芽20克

| 调料 |

大葱40克，盐3克，生抽3毫升，食用油2毫升

做法 ↘

1 洗净的豆芽切段，洗净的大葱切碎片，荞麦面折成小段。

2 锅中注水烧开，加入少许盐、食用油，再淋上少许生抽，拌煮片刻。

3 倒入荞麦面，拌匀，用小火煮4分钟。

4 放入洗净的绿豆芽，煮至熟，盛出后撒上大葱片，浇上热油即可。

甘笋馒头

烹饪时间：68分钟
适用人数：2人

| 原料 |

低筋面粉500克，胡萝卜汁150毫升，泡打粉7克，酵母5克

| 调料 |

白糖100克

做法 ↘

1 把面粉倒在案台上，开窝，将泡打粉倒在面粉上，再把白糖倒入窝中。

2 酵母加胡萝卜汁，调匀，再倒入窝中，分数次加入胡萝卜汁，混合均匀，揉搓成面团。

3 取面团搓成宽度均匀的长条状，切数个大小均等的馒头生坯。

4 蒸笼放入包底纸，放入生坯，发酵1个小时，再放入烧开的蒸锅，大火蒸5分钟，取出即可。

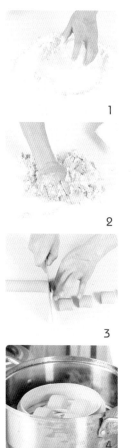

菊花包

烹饪时间：70分钟
适用人数：3人

| 原 料 |

低筋面粉500克，牛奶适量，泡打粉7克，酵母5克，莲蓉、白芝麻各适量

| 调 料 |

白糖100克

做法 ↘

1 面粉中加入泡打粉、白糖；酵母加牛奶搅匀，倒入面粉中混匀，加水，揉搓成面团。

2 面团搓条，揪小剂子，擀成皮后包入莲蓉搓圆。

3 压成圆饼状，沿着边缘切数片花瓣，再捏成菊花形状，制成生坯，粘上包底纸，再放入蒸笼，撒上白芝麻，发酵至两倍大。

4 放入烧开的蒸锅，蒸6分钟，取出即可。

1   2   3   4

刺猬包

烹饪时间：70分钟

适用人数：2人

| 原料 |

低筋面粉500克，酵母5克，莲蓉100克

| 调料 |

白糖50克

做法 ↘

1 面粉加酵母、白糖、水，揉成团，入保鲜膜静置。

2 面团搓条，摘剂子压扁，卷起对折，压成小面团，再擀成中间厚四周薄的面饼。

3 莲蓉搓条，摘成小剂子，放入面饼，搓成锥子状。

4 蒸盘刷油，放入锥子状生坯发酵40分钟，然后背部剪出小刺，将黑芝麻点在生坯上，制成其眼睛，再入蒸锅中发酵20分钟，大火蒸约10分钟，取出即可。

豆角素饺

烹饪时间：10分钟
适用人数：2人

| 原料 |

澄面300克，生粉60克，豆角150克，橄榄菜30克，胡萝卜120克

| 调料 |

盐、鸡粉各2克，水淀粉8毫升

做法 ↘

1 豆角切粒，去皮的胡萝卜切粒，均煮熟捞出。

2 另起油锅，倒入胡萝卜和豆角炒匀，放盐、鸡粉、橄榄菜、清水、水淀粉，炒成馅料后盛出。

3 澄面和生粉装碗，倒入开水后搅拌烫面，再倒在案台上，搓成面团后搓条，再切成剂子，擀成皮。

4 取馅料放在饺子皮上，制成生坯，在收口处放胡萝卜、豆角、橄榄菜点缀；生坯装入垫有笼底纸的蒸笼里，放入烧开的蒸锅，蒸4分钟即可。

1　　　　2　　　　3　　　　4

莲子糯米糕

烹饪时间：58分钟

适用人数：2人

|原料|
水发糯米270克，水发莲子150克

|调料|
白糖适量

把材料转入蒸盘中时可撒上少许白糖，糕点的口感会更好。

做法 ↘

1 锅中注入适量清水烧热，倒入洗净的莲子。

2 盖上盖，烧开后转中小火煮约25分钟，至其变软。

3 关火后揭盖，捞出煮好的莲子，沥干。

4 莲子装在碗中，放凉后剔除芯，碾碎成粉末状，再加入糯米，混合均匀后注入少许清水。

5 倒入蒸盘中，铺开，摊平。

6 蒸锅中注水上火烧开，放入蒸盘，盖上盖，用大火蒸约30分钟，至食材熟透。

7 关火后揭盖，取出蒸好的材料，放凉后盛入模具中，修好形状。

8 摆放在盘中，脱去模具，食用时撒上少许白糖即可。

清香马蹄糕

烹饪时间：230分钟
适用人数：2人

| 原料 | 马蹄粉250克，马蹄肉100克，吉士粉50克

| 调料 | 白糖300克

做法 ↘

1 马蹄粉倒入玻璃碗中，加入吉士粉、清水，拌匀成浆，过滤一遍后装入碗中。

2 白糖倒入锅中，炒至熔化，加清水、马蹄肉，煮沸成马蹄糖浆。

3 盛出马蹄糖浆，倒入粉浆中，搅匀，制成马蹄糕浆，再倒入模具中，约9分满。

4 放入烧开的蒸锅，大火蒸30分钟，取出蒸好的马蹄糕，待凉后，放入冰箱冷冻3个小时，然后取出脱模，切成方块装盘即可。

白糖伦教糕

烹饪时间：500分钟
适用人数：1人

| 原料 | 粘米粉250克，澄面75克，面种100克，泡打粉10克

| 调料 | 白糖300克

做法 ↘

1 面种装碗中，加入白糖后加水，用电动搅拌器搅匀。

2 加入澄面、粘米粉，搅匀，成纯滑的面浆，封上保鲜膜，发酵8个小时。

3 撕去保鲜膜，加入泡打粉，搅匀；面浆过筛，装入另一碗中，倒入垫有保鲜膜的模具里，装约8分满。

4 放入烧开的蒸锅，大火蒸10分钟，把蒸好的白糖糕取出，脱模后切成小块，装盘即可。

黑米莲子糕

烹饪时间：32分钟
适用人数：3人

| 原料 |
水发黑米100克，水发糯米50克，莲子适量

| 调料 |
白砂糖20克

做法 ↘

1 碗中倒入黑米、糯米、白糖，搅拌均匀。

2 拌好的食材倒入模具中，再摆上莲子，将剩余的食材依次倒入模具中。

3 电蒸锅注水烧开上气，放入米糕。

4 电蒸盖上锅盖，调转旋钮定时30分钟，蒸好后取出即可。

1   2   3   4

杏仁木瓜船

烹饪时间: 15分钟
适用人数: 1人

| 原料 | 木瓜1个，牛奶90毫升，西杏片30克，杏仁粉10克

| 调料 | 白糖40克

做法 ↘

1 用刀在木瓜一侧切下一薄片，作为底座，再在对侧切开一个盖子，用勺子挖掉木瓜的瓜瓤。

2 在盖子上切下一小片，切成三角块，插上一根牙签，制成小旗子。

3 牛奶装碗，加白糖、杏仁粉，搅匀，倒入木瓜船中，再放入西杏片。

4 放入烧开的蒸锅，大火蒸10分钟，把蒸好的杏仁木瓜船取出，插上小旗子即可。

网炸豆沙卷

烹饪时间: 4分钟
适用人数: 3人

| 原料 | 网丝皮数张，威化纸数张，红豆沙60克，低筋面粉少许

做法 ↘

1 低筋面粉加少许清水，调成糊状。

2 取一张网丝皮和威化纸叠在一起，放上适量红豆沙，捏成长条状卷起，粘上少许面糊封口，制成生坯。

3 热锅中注油烧至六成热，放入生坯，炸约2分钟，把炸好的豆沙卷捞出，沥干。

4 将豆沙卷切段，装盘即可。

蔓越莓西米水晶粽

烹饪时间： 110分钟
适用人数： 2人

| 原料 |

蔓越莓干30克，西米200克，粽
叶、粽绳各若干

做法 ↘

1 西米中注水，浸湿后将水滤去。

2 取浸泡了12个小时的粽叶，剪去柄部，从中间
折成漏斗状，放入西米、蔓越莓、西米。

3 将粽叶贴着食材往下折，再将右叶边向下折，
左叶边向下折，粽叶多余部分捏住，贴住粽体，
用粽绳捆扎紧。

4 电蒸锅注水烧开，放入粽子，煮1个半小时即可。

1   2   3   4

芒果汤圆

| 原料 | 小汤圆270克，芒果150克，圣女果130克

| 调料 | 白糖5克

做法 ↘

1 从芒果中取出果肉，切小块；洗净的圣女果对半切开。

2 汤锅置于旺火上，注入适量清水烧开，倒入备好的小汤圆，大火煮一会儿，至汤圆浮起。

3 倒入芒果、圣女果，搅匀，煮至断生。

4 撒上白糖，搅匀，煮至糖分熔化，关火后盛出，装在小碗中即可。

烹饪时间：4分钟
适用人数：1人

笑口枣

| 原料 | 低筋面粉125克，水50毫升，食粉3克，白芝麻适量

| 调料 | 白糖70克，白醋3毫升，食用油10毫升

做法 ↘

1 低筋面粉开窝，倒入白糖、食用油、食粉、白醋、水，拌匀后揉搓成纯滑的面团。

2 把面团对半切开，取其中一半，揉搓成条，切成小剂子，搓圆。

3 沾上少许水，裹上白芝麻，搓圆，制成笑口枣生坯。

4 用油起锅，放入笑口枣生坯，炸3分钟至其呈金黄色，取出即可。

烹饪时间：6分钟
适用人数：4人

糍粑

烹饪时间：15分钟
适用人数：2人

| 原料 |
糯米粉250克，花生米70克

| 调料 |
白糖100克，食用油80毫升

做法 ↘

1 取一碗，倒入糯米粉、白糖，注水，搅匀，再倒入食用油，搅拌均匀，制成米浆。

2 蒸笼中放入数个锡纸杯，盛入适量米浆，入烧开的蒸锅中。

3 加盖，大火蒸13分钟至熟，揭盖，取出蒸笼。

4 将花生米倒在铁盒中，将糍粑脱模，放入铁盒中，裹上花生米，装入盘中即可。

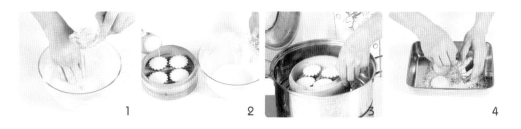

1　　2　　3　　4

素食口袋三明治

烹饪时间：5分钟
适用人数：1人

| 原料 |

吐司4片，生菜叶2片，西红柿片1
片，黄瓜片适量

做法 ↘

1 取一片吐司，刷上沙拉酱，放上黄瓜片，再刷
上一层沙拉酱。

2 放上一片吐司，涂上一层沙拉酱，放上洗净的
生菜叶。

3 生菜叶上刷一层沙拉酱，放上吐司，再刷上沙拉
酱，然后放上西红柿片，西红柿上刷少许沙拉酱。

4 盖上一片吐司，三明治制成，用刀将三明治切
成两个三角状，装盘即可。